W0269847

Berichte zu Pflanzenschutzmitteln 2012

Jahresbericht Pflanzenschutz-Kontrollprogramm

Bund-Länder-Programm zur Überwachung des Inverkehrbringens und der Anwendung von Pflanzenschutzmitteln nach dem Pflanzenschutzgesetz

BVL-Reporte

IMPRESSUM

Bibliografische Information der Deutschen Bibliothek

Die Deutsche Bibliothek verzeichnet diese Publikation in der Deutschen Nationalbibliografie; detaillierte bibliografische Daten sind im Internet über http://dnb.ddb.de abrufbar.

ISBN 978-3-319-02774-6
ISBN 978-3-319-02775-3 (eBook)
DOI 10.1007/978-3-319-02775-3
Springer Basel Dordrecht London New York

Herausgeber:	Bundesamt für Verbraucherschutz und Lebensmittelsicherheit (BVL) Dienststelle Berlin Mauerstraße 39–42 D-10117 Berlin
Koordination und Schlussredaktion:	Herr K. Bentlage (kb-lektorat), Frau Dr. S. Dombrowski (BVL, Pressestelle)
Redaktionsgruppe:	Frau Dr. K. Corsten (BVL, Ref. 202)
ViSdP: Titelbild: Satz:	Frau N. Banspach (BVL, Pressestelle) Herr H. Puckhaber, Pflanzenschutzdienst Bremen le-tex publishing services GmbH

Gedruckt auf säurefreiem und chlorfrei gebleichtem Papier

Springer Basel ist Teil der Fachverlagsgruppe Springer Science+Business Media (www.springer.com)

Inhaltsverzeichnis

Zusammenfassung

1

In der Bundesrepublik Deutschland überwachen die Behörden der Länder die Einhaltung der Vorschriften, die für das Inverkehrbringen und die Anwendung von Pflanzenschutzmitteln gelten.

Das **Pflanzenschutz-Kontrollprogramm** ist ein bundesweit harmonisiertes Programm zur Überwachung pflanzenschutzrechtlicher Vorschriften. Die Durchführung und Berichterstattung der Kontrollen erfolgen nach gemeinsamen Standards der Länder auf Grundlage eines abgestimmten Methoden-Handbuches. Die Festlegung von Kontrolltatbeständen und die Betriebsauswahl erfolgt durch die Länder; zusätzlich gibt es bundesweite Kontrollschwerpunkte. Der vorliegende Bericht fasst die Ergebnisse des Jahres 2012 zusammen.

Bundesweit wurden in 2.482 Handelsbetrieben Verkehrskontrollen durchgeführt und in 5.059 Betrieben der Landwirtschaft, des Gartenbaus und der Forstwirtschaft Betriebs- oder Anwendungskontrollen vorgenommen. Im Rahmen der Überwachung der Verordnung über Pflanzenschutzmittel und Pflanzenschutzgeräte (Pflanzenschutzmittelverordnung) wurden des Weiteren 95.769 Pflanzenschutzgeräte von amtlichen bzw. amtlich anerkannten Kontrollstellen überprüft. 199 Pflanzenschutzmittel wurden in Hinsicht auf Zusammensetzung und physikalische, chemische und technische Eigenschaften untersucht.

Das Anbieten von Pflanzenschutzmitteln, deren Zulassung abgelaufen ist, war mit 20,5 % wie in den vergangenen Jahren ein Hauptgrund für Beanstandungen in Handelsbetrieben (2011: 20,9 %). Die Beanstandungsquote aufgrund einer Nichtbeachtung der Anzeigepflicht des Verkaufs von Pflanzenschutzmitteln lag mit 7,5 % unter dem Niveau des Vorjahres (10 %). Bezüglich der Sachkunde und der Unterrichtungspflicht des Verkaufspersonals kam es in 3,5 % bzw. 4,2 % der kontrollierten Betriebe zu Beanstandungen (2011: 4,2 % bzw. 5,8 %). Die Nichteinhaltung des Selbstbedienungsverbots wurde wie im Jahr 2011 in 8,4 % der kontrollierten Betriebe bemängelt. Bei Kontrollen von Pflanzenschutzmittellagern wurden in 3,8 % der Handelsbetriebe Pflanzenschutzmittel vorgefunden, für die eine Beseitigungspflicht besteht (2011: 1,6 %). Hierbei handelt es sich um Pflanzenschutzmittel, die Wirkstoffe enthalten, die EU-weit verboten sind.

Im Handel wurden insgesamt 199 Pflanzenschutzmittelgebinde entnommen und auf ihre Zusammensetzung analysiert. Im Jahr 2012 lag dabei der Schwerpunkt auf Pflanzenschutzmitteln, die die Wirkstoffe Chlorthalonil oder Metazachlor enthielten. In den Stadtstaaten Berlin, Hamburg und Bremen sind Kleinpackungen mit dem Wirkstoff Azoxystrobin beprobt worden. 13 von 125 untersuchten Gebinden wurden bemängelt (10,4 %). Bei 74 Proben, die aufgrund eines Verdachts (Schäden an Pflanzen, Verdacht auf illegale Importe usw.) untersucht wurden, lag die Beanstandungsquote mit rund 24 % erwartungsgemäß höher. Diese Ergebnisse der Analysen können nur einen Trend wiedergeben, da sie aufgrund der Probenzahlen nur eine geringe statistische Aussagekraft haben.

Bei Anwendungs- und Betriebskontrollen in landwirtschaftlichen, forstwirtschaftlichen und gärtnerischen Betrieben ergaben sich in einigen Kontrollbereichen sowohl niedrigere als auch höhere Beanstandungsquoten als im Vorjahr. Hieraus kann kein allgemeiner Trend abgeleitet werden, da die Kontrollplanung im Allgemeinen risikoorientiert erfolgt. In dieser Zusammenfassung sind zudem die Ergebnisse aus systematischen Kontrollen in zufällig ausgewählten Betrieben und Anlasskontrollen, die aufgrund eines Verdachts durchgeführt wurden, zusammengefasst. Bei 2,1 % der kontrollierten Anwender lag kein gültiger Sachkundenachweis vor (2011: 1,7 %). Die Vorschriften der Pflanzenschutz-Anwendungsverordnung wurden bei 0,5 % der daraufhin kontrollierten Schläge missachtet (2011: 0,1 %). Auf 4,0 % der kontrollierten Schläge wurden Verstöße bezüglich der Einhaltung der Anwendungsgebiete festgestellt (2011: 4,5 %). Auf 4,1 % der kontrollierten Schläge wurden Anwendungs- oder Bienenschutzbestimmungen nicht eingehalten (2011: 5,4 %). Die Beanstandungsquote bei kontrollierten Pflanzenschutzgeräten lag bei 3,3 % (2011: 2,8 %). Die Einhaltung der Dokumentationspflicht

Berichte zu Pflanzenschutzmitteln 2012, DOI 10.1007/978-3-319-02775-3_1,

für Pflanzenschutzmittelanwendungen war in 7,2 % der kontrollierten Betriebe mangelhaft (2011: 6,7 %). Die Beseitigungspflicht für Pflanzenschutzmittel, die EU-weit verbotene Wirkstoffe enthalten, wurde in 8,6 % der kontrollierten Betriebe nicht beachtet (2011: 5,9 %).

Im Jahr 2012 wurde, wie im Vorjahr, die Anwendung von Pflanzenschutzmitteln in Kernobst in einem bundesweiten Kontrollschwerpunkt überwacht. Die Kontrollen umfassten 246 Schläge mit Apfel- oder Birnbäumen in 238 Betrieben. Auf 8 der kontrollierten Schläge (8 Betriebe) wurden Pflanzenschutzmittel eingesetzt, die in Kernobst nicht zulässig sind (3,3 %). Bis auf einen Fall handelte es sich hierbei um Pflanzenschutzmittel, die in Deutschland zugelassen sind, aber nicht zur Anwendung in Kernobst.

Der 2010 begonnene bundesweite Schwerpunkt zur Anwendung von Pflanzenschutzmitteln in Zierpflanzen und Ziergehölzen, einschließlich Weihnachtsbäumen, wurde fortgeführt. Auf 14,1 % der 327 kontrollierten Flächen wurden Pflanzenschutzmittel angewendet, die für die jeweiligen Kulturen nicht zugelassen waren.

Bei der Überwachung von Anwendungen auf nicht landwirtschaftlich, forstwirtschaftlich oder gärtnerisch genutzten Flächen, auf denen die Anwendung von Pflanzenschutzmitteln nur mit einer behördlichen Genehmigung zulässig ist, wurden 1.252 Betriebsflächen bzw. gewerbsmäßig behandelte Flächen und 493 Personen kontrolliert. Kontrollen auf Flächen, für die behördliche Genehmigungen vorlagen, führten in 9,5 % aller Fälle zu Beanstandungen (2011: 6,1 %). Bei der Kontrolle von Flächen, für die keine Anträge auf Genehmigung der Anwendung von Pflanzenschutzmitteln gestellt worden waren, wurde in 43,2 % der Fälle eine unzulässige Pflanzenschutzmittel-Anwendung festgestellt (2011: 33,8 %). Bei der Bewertung der hohen Anzahl von Verstößen ist zu berücksichtigen, dass viele Beanstandungen das Ergebnis von gezielten Kontrollen – sogenannten Anlasskontrollen – sind, die aufgrund von konkreten Verdachtsmomenten oder aufgrund von Anzeigen Dritter aufgenommen wurden. In vielen Fällen handelte es sich bei den Verstößen um von Laien begangene Zuwiderhandlungen. Die Beanstandungen machen deutlich, dass weiterhin eine intensive Aufklärungs- und Informationsarbeit erforderlich ist.

Das Pflanzenschutzrecht enthält umfangreiche Bestimmungen zum Inverkehrbringen und zur Anwendung von Pflanzenschutzmitteln, Pflanzenstärkungsmitteln und Zusatzstoffen. Für die Überwachung der Einhaltung dieser Vorschriften sind die Länder zuständig.

Das Pflanzenschutz-Kontrollprogramm ist ein bundesweit harmonisiertes Programm zur Überwachung pflanzenschutzrechtlicher Vorschriften. Darin haben die Länder vereinbart, ihre Überwachungsprogramme untereinander abzustimmen und nach einheitlichen Standards zu arbeiten. Unter der Geschäftsführung des Bundesamtes für Verbraucherschutz und Lebensmittelsicherheit (BVL) tagt regelmäßig die Arbeitsgruppe Pflanzenschutzmittelkontrolle (AG PMK) mit Fachleuten der Länder, die Empfehlungen für solche Kontrollstandards in Form eines Handbuchs ausarbeitet und das Kontrollprogramm koordiniert. Vorrangiges Ziel der Verkehrs- und Anwendungskontrollen ist es, die Einhaltung pflanzenschutzrechtlicher Bestimmungen zu überwachen und die Missachtung von Vorschriften durch angemessene Maßnahmen abzustellen. Verstöße werden nach dem Pflanzenschutzgesetz (PflSchG) als Ordnungswidrigkeit geahndet.

Wie in Abbildung 2.1 dargestellt, ist das Pflanzenschutz-Kontrollprogramm als Bestandteil eines umfassenden Systems zu sehen, das die sachgerechte und bestimmungsgemäße Anwendung von Pflanzenschutzmitteln unter Einhaltung des hohen Schutzniveaus für die Gesundheit von Mensch und Tier und den Naturhaushalt zum Ziel hat. Neben der Prüfung und Zulassung von Pflanzenschutzmitteln bilden die Anforderungen an die Qualifikation der Verkäufer und Anwender, die Verwendung geprüfter Geräte, die Beratungstätigkeiten der Behörden und Verbände sowie die Kontrollen durch die Länder ein engmaschiges Netz zur Risikominimierung.

Mitte 2011 wurden im Pflanzenschutz umfangreiche Änderungen der rechtlichen Regelungen wirksam: Die Richtlinie 91/414/EWG des Rates vom 15. Juli 1991 über das Inverkehrbringen von Pflanzenschutzmitteln wurde am 14. Juni 2011 durch die Verordnung (EG) Nr. 1107/2009 abgelöst. Damit gilt das EU-Recht unmittelbar in Deutschland.

In der Verordnung sind vor allem die Voraussetzungen für die Zulassung von Pflanzenschutzmitteln genau definiert. Es gibt harmonisierte Datenanforderungen für Pflanzenschutzmittel und ihre Wirkstoffe, einheitliche Zulassungskriterien und Regelungen für die Verpackung und Etikettierung. Ein wichtiges Element der Harmonisierung ist eine EU-weite Positivliste von Wirkstoffen, die für die Verwendung in Pflanzenschutzmitteln genehmigt sind. Die Bewertung der Wirkstoffe erfolgt in einem Gemeinschaftsverfahren. Zulassungen werden von den Mitgliedstaaten erteilt. Dabei können Zulassungen im „zonalen Verfahren" gleichzeitig in mehreren Mitgliedstaaten beantragt werden, die dann im Verfahren zusammenarbeiten. Bestehende Zulassungen müssen von anderen Mitgliedstaaten in einem vereinfachten Verfahren anerkannt werden. Des Weiteren wurden einheitliche Regelungen für parallel gehandelte Pflanzenschutzmittel festgelegt. Die Verordnung regelt das Inverkehrbringen von Pflanzenschutzmitteln und behandeltem Saatgut sowie die Verwendung von Pflanzenschutzmitteln. Hersteller, Händler und Anwender müssen Aufzeichnungen über hergestellte, gelagerte, in Verkehr gebrachte und angewendete Pflanzenschutzmittel führen. Die Verordnung (EG) Nr. 1107/2009 enthält allgemeine Vorgaben für Kontrollen in den Mitgliedstaaten; die Einzelheiten sollen in einer Kontrollverordnung festgelegt werden. Auf der Grundlage der Richtlinie 91/414/EWG und der Verordnung (EG) Nr. 1107/2009 hat die Europäische Kommission eine Reihe von Durchführungsmaßnahmen in Form von Richtlinien, Verordnungen und Entscheidungen getroffen, die weiterhin gelten oder angepasst wurden.

Zusätzlich müssen die rechtlichen Regelungen in Deutschland an die Vorgaben der Richtlinie 2009/128/EG des Europäischen Parlaments und des Rates vom 21. Oktober 2009 über einen Aktionsrahmen der Gemeinschaft für die nachhaltige Verwendung von Pestiziden angepasst werden. In der Richtlinie sind Vorgaben für die Fort- und

Berichte zu Pflanzenschutzmitteln 2012, DOI 10.1007/978-3-319-02775-3_2,
© Bundesamt für Verbraucherschutz und Lebensmittelsicherheit (BVL) 2013

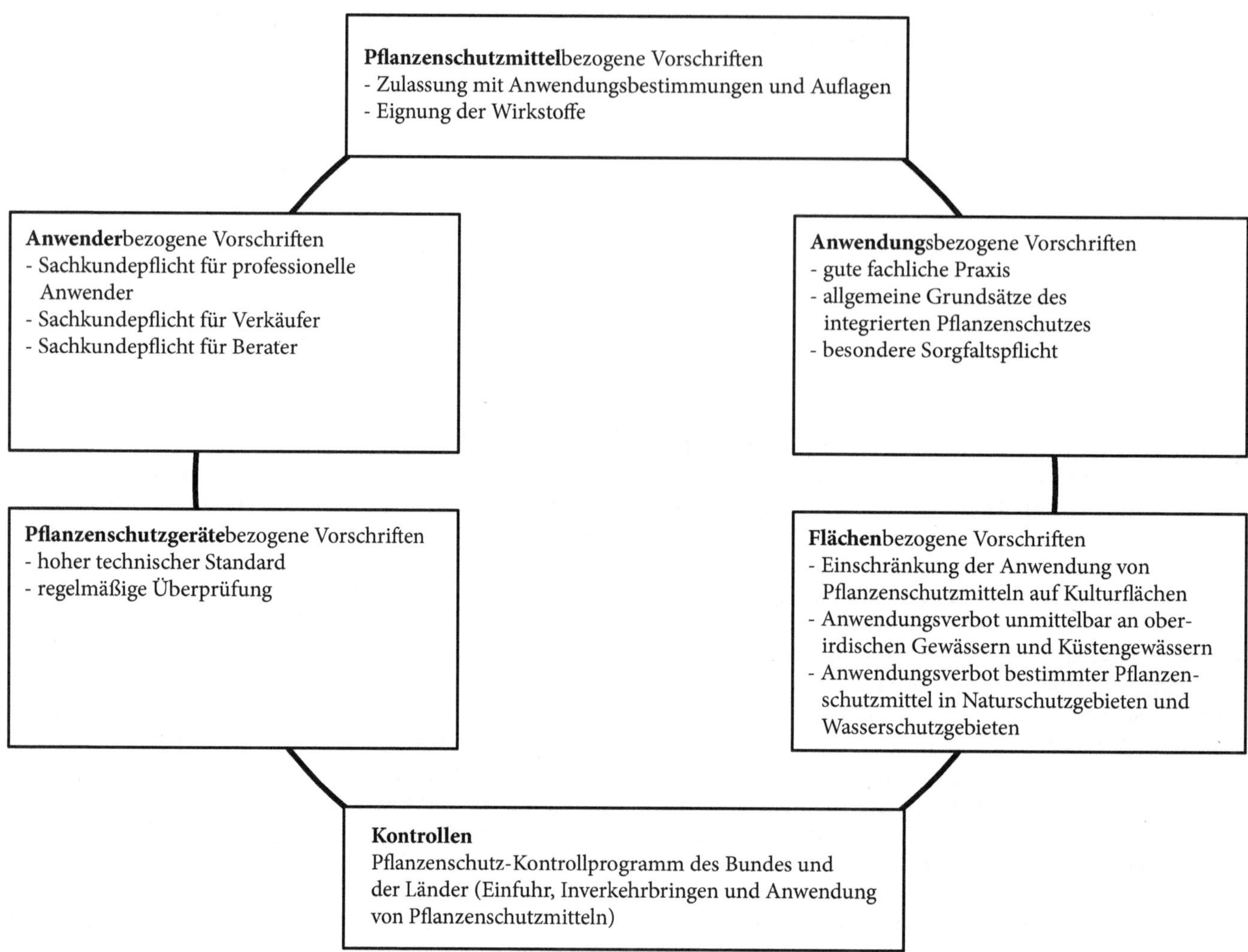

Abb. 2.1 Bestandteile des Systems zur bestimmungsgemäßen und sachgerechten Anwendung von Pflanzenschutzmitteln (Quelle: Nationaler Aktionsplan zur nachhaltigen Anwendung von Pflanzenschutzmitteln 2013 [Hrsg.: BMELV], http://www.nap-pflanzenschutz.de)

Weiterbildung z. B. von Verkäufern, Beratern und Anwendern von Pflanzenschutzmitteln aufgeführt. Außerdem gibt es Auflagen für den Verkauf von Pflanzenschutzmitteln, die gemäß vorgegebener Fristen in das nationale Recht der einzelnen Mitgliedstaaten umgesetzt werden müssen. Die in Deutschland bereits seit Jahren geltende Pflicht zur Kontrolle von in Gebrauch befindlichen Pflanzenschutzgeräten findet zukünftig in der gesamten EU ihre Anwendung. Das Spritzen oder Sprühen von Pflanzenschutzmitteln mit Luftfahrzeugen ist nur noch in Ausnahmefällen und mit einer besonderen Genehmigung erlaubt.

Im Jahresbericht beziehen sich die Verweise auf das Gesetz zum Schutz der Kulturpflanzen (Pflanzenschutzgesetz – PflSchG) in der Fassung der Bekanntmachung vom 6. Februar 2012 (BGBl. I S. 148, 1281), zuletzt geändert durch Artikel 4 Absatz 87 des Gesetzes vom 7. August 2013 (BGBl. I S. 3154).

Mit dem vorliegenden Bericht werden die Ergebnisse des Pflanzenschutz-Kontrollprogramms für das Kontrolljahr 2012 dargestellt und damit dieser Überwachungsbereich der Öffentlichkeit zugänglich gemacht. Die Ergebnisse des Kontrollprogramms werden unter anderem genutzt, um Schwerpunkte bei der Aufklärung und Beratung in den Ländern zu identifizieren und länderspezifische und bundesweite Kontrollschwerpunkte festzulegen.

Auf der Basis mehrjähriger Beobachtungen sollen zudem Rückschlüsse gezogen werden, ob die bestehenden Rechtsgrundlagen angepasst werden müssen, um eine zulassungskonforme Produktion, das ordnungsgemäße Inverkehrbringen und die sachgerechte Anwendung von

Pflanzenschutzmitteln sicherstellen zu können. Mit den zusammengefassten Daten der Länder erfüllt die Bundesrepublik Deutschland überdies ihre Berichtspflichten gegenüber der Europäischen Kommission gemäß der Verordnung (EG) Nr. 1107/2009.

Die Länder sind zuständig für die Überwachung der Vorschriften der Verordnung (EG) Nr. 1107/2009 über das Inverkehrbringen von Pflanzenschutzmitteln, des Pflanzenschutzgesetzes (PflSchG) und der hierauf basierenden bundesweiten Verordnungen (Pflanzenschutz-Anwendungsverordnung, Pflanzenschutzmittelverordnung, Pflanzenschutz-Sachkundeverordnung) sowie weiterführender Länderregelungen.

Die Kontrollen zum Inverkehrbringen und der Anwendung von Pflanzenschutzmitteln werden in den Ländern von den zuständigen Behörden als Teil der fachrechtsbezogenen Kontrollaufgaben durchgeführt. In Kapitel 8 sind die Behörden aufgelistet, die die Verkehrs- und Anwendungskontrollen durchführen. Daneben wirken die Zollstellen, das Julius Kühn-Institut und das BVL bei der Überwachung mit. Zu den Aufgaben der Länder gehören die Festlegung länderspezifischer Kontrollschwerpunkte, die Planung und Durchführung der Kontrollen, die Verfolgung und Ahndung von Ordnungswidrigkeiten sowie die Aufbereitung und Weiterleitung der Daten an das BVL zur Erstellung eines jährlichen Berichts auf der Grundlage der Länderdaten. Das BVL übernimmt die analytisch-chemische Untersuchung von Pflanzenschutzmittelproben, die im Handel gezogen werden. Kontrollen bei der Einfuhr von Pflanzenschutzmitteln in die EU werden vom Zoll, in Zusammenarbeit mit den Pflanzenschutzdiensten, vorgenommen.

Das Pflanzenschutz-Kontrollprogramm wird gemeinsam vom Bund und den Ländern durchgeführt. Die Koordinierung der Arbeiten und Umsetzung der Kontrollen erfolgt durch die Arbeitsgemeinschaft Pflanzenschutzmittelkontrolle (AG PMK) bzw. deren Mitarbeitern. Die Gruppe setzt sich aus Spezialisten der Pflanzenschutzdienste aller Länder sowie des BVL zusammen; die Geschäftsführung liegt beim BVL. Zu bestimmten Themen gibt es zusätzliche Arbeitsgruppen. Zu den Arbeitsgruppensitzungen können weitere Fachleute geladen werden; so setzt sich die AG Rückstände und Analytik im Wesentlichen aus Experten für Pflanzenschutzmittelanalysen zusammen. Die AG PMK hat für das Pflanzenschutz-Kontrollprogramm ein Handbuch erstellt, das als Leitfaden für die praktische Durchführung der Pflanzenschutzkontrollen zu verstehen ist. Es beinhaltet Informationen über die verschiedenen Rechtsgrundlagen und Kontrollbereiche, Vorgaben zu den einzelnen Prüftatbeständen, Aussagen zum Kontrollumfang sowie Hinweise zur Berichterstattung. Die dort genannten Methoden und Muster-Kontrollbögen dienen als Grundlage zur Erstellung von Arbeitsanweisungen und Kontrollverfahren in den einzelnen Ländern. Das Handbuch wird in regelmäßigen Abständen überprüft und den aktuellen, insbesondere gesetzlichen Entwicklungen angepasst. Die aktuell gültige Fassung kann von der Internetseite des BVL abgerufen werden: http://www.bvl.bund.de/psmkontrollprogramm. Weitere Aufgaben der AG PMK sind der regelmäßige Erfahrungsaustausch über aktuelle Verdachtsfälle und die Kontrollpraxis sowie die Erarbeitung von Vorschlägen für die jährlichen bundesweiten Kontrollschwerpunkte.

Berichte zu Pflanzenschutzmitteln 2012, DOI 10.1007/978-3-319-02775-3_3,
© Bundesamt für Verbraucherschutz und Lebensmittelsicherheit (BVL) 2013

Die Länder stellen jährlich Kontrollpläne für die Verkehrs- und Anwendungskontrollen innerhalb des bundesweit geltenden Rahmens auf. Generell finden Kontrollen in folgenden Bereichen statt:

- Überwachung der Einfuhr und des Inverkehrbringens von Pflanzenschutzmitteln, Pflanzenstärkungsmitteln und Zusatzstoffen einschließlich der Kontrolle der Zusammensetzung und der physikalischen, chemischen und technischen Eigenschaften von Pflanzenschutzmitteln,
- Überwachung der Anwendung von Pflanzenschutzmitteln im landwirtschaftlichen, gärtnerischen und forstwirtschaftlichen Bereich,
- Überwachung der Anwendung von Pflanzenschutzmitteln auf Freilandflächen, die nicht landwirtschaftlich, gärtnerisch oder forstwirtschaftlich genutzt werden sowie die Überwachung der Anwendung von Pflanzenschutzmitteln auf Flächen, die für die Allgemeinheit bestimmt sind.

Innerhalb dieser Bereiche werden sogenannte „Kontrolltatbestände" eingeführt, denen klar definierte Anforderungen zugrunde liegen. In Kapitel 6 sind die einzelnen Tatbestände der Kontrollbereiche näher erläutert.

4.1 Planung der Kontrollen

Handelsbetriebe geben Pflanzenschutzmittel zunehmend auf verschiedenen Vertriebswegen ab. Die Verkehrskontrollen erfolgen deshalb in allen Tätigkeitsfeldern eines Händlers:

- Großhändler, die nicht direkt an Anwender abgeben, sondern an Wiederverkäufer,
- Händler, bei denen ausschließlich professionelle Anwender einkaufen,
- Einzelhändler, die Pflanzenschutzmittel an professionelle Anwender und/oder an nicht sachkundige Anwender (Pflanzenschutzmittel zur Anwendung im Haus- oder Kleingarten) abgeben,
- Versandhändler und Internetanbieter, die an professionelle Anwender und nicht sachkundige Anwender verkaufen.

Regional gibt es große Unterschiede bei der Anzahl und Art der Verkaufsstellen: In städtischen Regionen sind überwiegend Baumärkte oder Gartencenter zu kontrollieren, während im ländlichen Raum vor allem Genossenschaften (z. B. Raiffeisenmärkte) und Landhandelsunternehmen überprüft werden. Insgesamt sind bei den Pflanzenschutzdiensten 10.650 Verkaufsstellen registriert (Stand: April 2010).

Zu den Verkehrskontrollen gehört auch die Zusammenarbeit mit Zollstellen bei der Ein- und Ausfuhr von Pflanzenschutzmitteln in das Gebiet der EU. Unter bestimmten Fragestellungen wird das sogenannte innergemeinschaftliche Verbringen von Mitteln nachverfolgt oder Anwender in landwirtschaftlichen oder gärtnerischen Betrieben überprüft, die Pflanzenschutzmittel direkt in Mitgliedstaaten der EU oder in Drittstaaten erworben haben.

Die Häufigkeit der Kontrollen bei Handelsbetrieben richtet sich nach dem Pflanzenschutzmittelabsatz und Hinweisen aus Kontrollen der Vorjahre. Bei der Planung der Anwendungskontrollen werden die länderspezifischen Gegebenheiten berücksichtigt. Hierzu gehören beispielsweise:

- Betriebsgrößen,
- Betriebszahlen,
- Anbauschwerpunkte.

Nach einer Erhebung aus dem Jahr 2011 gibt es insgesamt in Deutschland rund 293.900[1] Betriebe der Landwirtschaft, des Gartenbaus und der Forstwirtschaft. Im Saarland findet man nur rund 1.300[1] Betriebe, während der Flächenstaat Bayern mit rund 96.300[1] Betrieben den Spitzenreiter darstellt. Neben der Zahl der Betriebe in den einzelnen Ländern schwanken auch die Betriebsgrößen. Sie reichen von Flächen unter einem Hektar, die

---

[1] Statistisches Bundesamt (2012) Statistisches Jahrbuch für die Bundesrepublik Deutschland 2012, Wiesbaden

Berichte zu Pflanzenschutzmitteln 2012, DOI 10.1007/978-3-319-02775-3_4,
© Bundesamt für Verbraucherschutz und Lebensmittelsicherheit (BVL) 2013

im Nebenerwerb bewirtschaftet werden, bis zu Betrieben mit mehreren tausend Hektar, vor allem in Ostdeutschland. Besonders deutlich werden die unterschiedlichen Betriebsgrößen, wenn man z. B. Mecklenburg-Vorpommern und Niedersachsen vergleicht. Obwohl die Landwirtschaftsfläche in Niedersachsen nur doppelt so groß ist wie in Mecklenburg-Vorpommern, gibt es in Niedersachsen neunmal mehr landwirtschaftliche Betriebe (Niedersachsen: 41.500, Mecklenburg-Vorpommern: 4.600).

Die Anzahl und Art der Kontrollen in den Ländern richtet sich auch nach dem Anteil der landwirtschaftlichen Fläche an der Gesamtfläche. Von der Gesamtfläche Deutschlands entfallen auf die Landwirtschaftsflächen 52 %. In Berlin liegt der Anteil der landwirtschaftlichen Nutzfläche beispielsweise nur bei rund 4 %[1] der Landesfläche. Daher liegt hier ein Schwerpunkt auf der Kontrolle von Freilandflächen, die nicht landwirtschaftlich, forstwirtschaftlich oder gärtnerisch genutzt werden (z. B. Betriebs- oder Verkehrsflächen). Das Land mit dem größten Anteil an Landwirtschaftsflächen ist Schleswig-Holstein mit 70 %[1].

Die angebauten Kulturen unterscheiden sich regional ebenfalls stark. Deutlich werden diese Unterschiede z. B. bei Dauerkulturen wie Obstanlagen oder Weinreben. Obwohl bundesweit nur rund 1 %[1] der landwirtschaftlichen Nutzfläche aus Dauerkulturen besteht, können die Obstanbaugebiete (z. B. am Bodensee oder im „Alten Land") oder die Weinbaugebiete vor Ort große Flächen einnehmen.

Die statistischen Angaben zur Flächennutzung und zu Betriebskennzahlen beziehen sich auf Erhebungen aus dem Jahr 2011.

Neben den regionalen Besonderheiten werden bei der Planung der Kontrollen u. a. folgende Kriterien berücksichtigt:

- Hinweise auf Verstöße aus den Kontrollen der Vorjahre,
- Hinweise auf die Anwendung unzulässiger Pflanzenschutzmittel aufgrund von Rückstandsfunden der Lebensmittelüberwachung,
- Intensität des Pflanzenschutzmitteleinsatzes in den verschiedenen Kulturen,
- Änderung der Zulassungssituation von Pflanzenschutzmitteln,
- Ergebnisse aus dem Grundwassermonitoring der Länder.

Zusätzlich zu länderspezifischen Kontrollplanungen werden jährlich Schwerpunkte für bundesweite Kontrollen festgelegt. Die Ergebnisse der Schwerpunktkontrollen des Jahres 2012 sind in den Abschnitten 6.3.1 und 6.3.2 beschrieben.

4.2 Art der Kontrollen

Im Pflanzenschutz-Kontrollprogramm wird zwischen systematischen Kontrollen und Anlasskontrollen unterschieden.

Systematische Kontrollen erfolgen nach einem vorab erstellten Plan. Sie bieten die Möglichkeit, ein breites Spektrum von einzelnen Kontrolltatbeständen (z. B. bei Betriebskontrollen) sowie eng abgegrenzte Sachverhalte im Sinne einer risikobasierten Schwerpunktkontrolle (z. B. Kontrolle der Einhaltung von Anwendungsverboten durch Bodenuntersuchungen nach der Anwendung) zu überprüfen. Während einige Kontrolltatbestände zu jeder Zeit überprüft werden können (z. B. Sachkunde des Anwenders oder gültige Prüfplakette auf dem Pflanzenschutzgerät), ergibt sich bei anderen Tatbeständen erst bei der Vor-Ort-Besichtigung, ob eine Kontrolle möglich ist.

Anlasskontrollen dienen dagegen der Feststellung oder Aufklärung von offensichtlichen oder vermuteten Verstößen gegen das Pflanzenschutzrecht. Hierzu gehören beispielsweise Kontrollen nach Anzeigen sowie Wiederholungskontrollen in Betrieben, bei denen Mängel bei vorherigen Inspektionen festgestellt wurden. Zeigen sich auffällige Ergebnisse bei Rückstandsuntersuchungen im Rahmen der Lebensmittelüberwachung (z. B. Nachweis von Wirkstoffen, die für den Einsatz in einer Kultur nicht zugelassen oder genehmigt sind), können zudem gezielt Kontrollen im Erzeugerbetrieb durchgeführt werden. Es liegt in der Natur der Sache, dass bei Anlasskontrollen häufiger Verstöße festzustellen sind als bei systematischen Kontrollen.

Werden bei einer systematischen Kontrolle Auffälligkeiten festgestellt, kann dies der Anlass für zusätzliche Kontrollen sein. So können z. B. in Lagern aufgefundene Pflanzenschutzmittel, deren Anwendung verboten ist, dazu führen, dass auf den betriebseigenen Flächen Bodenproben entnommen werden. Mithilfe der Analyse von Pflanzen- oder Bodenproben wird geprüft, ob eine verbotene Anwendung stattgefunden hat.

4.3 Umfang der Kontrollen

Überwachung der Zusammensetzung und der physikalischen, chemischen und technischen Eigenschaften von Pflanzenschutzmitteln Im Handel werden Proben von Pflanzenschutzmitteln entnommen und analysiert, um zu überprüfen, ob die Zusammensetzung der Mittel den Vorgaben aus der Zulassung entspricht. Im Jahr 2012 wurden 125 Pflanzenschutzmittel, die die Wirkstoffe Chlorthalonil, Metazachlor oder Azoxystrobin enthielten, untersucht (Planproben). Zusätzlich wurden 74 Pflanzenschutzmittel analysiert, bei denen ein Verdacht bestand, dass die Mittelzusammensetzung von der Zulassung abweicht.

Handelsbetriebe Im Jahr 2012 wurden 2.482 Handelsbetriebe kontrolliert. Bei 10.650 angezeigten Betrieben (Stand: April 2010) ergibt sich eine Kontrollquote von 23,3 %.

Betriebe der Landwirtschaft, der Forstwirtschaft oder des Gartenbaus Im Jahr 2012 wurden insgesamt 5.059 Betriebe der Landwirtschaft, der Forstwirtschaft oder des Gartenbaus kontrolliert. Diese Kontrollen setzen sich aus 1.885 Betriebskontrollen und 3.243 Anwendungskontrollen zusammen. Bei diesen Kontrollen wurden 2.966 Proben (Boden, Pflanzen oder Behandlungsflüssigkeiten) untersucht. Bei 293.900 landwirtschaftlichen Betrieben in Deutschland (Stand: 2011) ergibt sich eine Kontrollquote von rund 1,7 % der Betriebe.

Anwendung von Pflanzenschutzmitteln auf nicht landwirtschaftlich, forstwirtschaftlich oder gärtnerisch genutzten Flächen Im Jahr 2012 wurden entsprechende Flächen, z. B. Betriebs- oder Verkehrsflächen, in 1.252 Unternehmen und bei 493 Privatpersonen überprüft.

5.1 Maßnahmen, die bei Beanstandungen getroffen werden können

Werden bei den Kontrollen Verstöße gegen das Pflanzenschutzgesetz festgestellt, stehen den Kontrollbehörden verschiedene Optionen zur Verfügung, um hierauf zu reagieren:

- Aufklärung des kontrollierten Unternehmens über festgestellte Mängel, verbunden mit einer Beratung über den korrekten Umgang mit Pflanzenschutzmitteln oder Pflanzenschutzgeräten.
- Verwarnung des Unternehmens, ggf. unter Zahlung eines Verwarnungsgeldes.
- Bei Beanstandungen kann vor Ort eine Anordnung getroffen werden, um Mängel sofort abzustellen. Das kann z. B. eine Anordnung zur sofortigen Beendigung einer Anwendung eines Pflanzenschutzmittels mit einer defekten Spritze sein. Es kann auch angeordnet werden, dass ein Betrieb bestimmte Pflanzenschutzmaßnahmen vorab beim Pflanzenschutzdienst anzeigt.
- Verstöße gegen das Pflanzenschutzrecht können als Ordnungswidrigkeit verfolgt und mit einem Bußgeld bis zu einer Höhe von 50.000 € geahndet werden (§ 68 PflSchG). Pflanzen, Pflanzenerzeugnisse, Kultursubstrate, Pflanzenschutzmittel, Pflanzenstärkungsmittel und Zusatzstoffe können durch die Behörden eingezogen werden.
- In besonders schweren Fällen kann nach Strafrecht verfahren und eine Freiheitsstrafe bis zu 5 Jahren oder eine Geldstrafe verhängt werden (§ 69 PflSchG).

Bei der Wahl der Maßnahmen werden verschiedene Faktoren berücksichtigt:

- Schwere, Ausmaß, Dauer und Häufigkeit des Verstoßes,
- mögliche Folgen für die Gesundheit von Menschen und Tieren oder für die Umwelt,
- Ursache für den Verstoß, z. B. Unwissenheit, Fahrlässigkeit oder wissentliches Handeln entgegen den gesetzlichen Bestimmungen (Vorsatz). Bei besonders offensichtlichem Vorgehen oder bei wiederholt festgestellten Verstößen wird vorsatzgleiches Handeln angenommen.

Wurde ein Unternehmen beanstandet, kann eine wiederholte Kontrolle erfolgen, um zu überprüfen, ob die Mängel abgestellt wurden und entsprechend den Vorgaben des Pflanzenschutzgesetzes gehandelt wird.

Ordnungswidrigkeitsverfahren ziehen sich häufig über einen längeren Zeitraum hin, vor allem dann, wenn umfangreichere Ermittlungen zur Klärung von Tatbeständen erforderlich oder analytische Befunde oder Einspruchs- und Gerichtsverfahren anhängig sind. Die Angaben zur Höhe von erteilten Bußgeldern im Ergebnisteil dieses Jahresberichts spiegeln daher die Spannbreite aller im Kontrolljahr rechtskräftig abgeschlossenen Ordnungswidrigkeitsverfahren wider. Das bedeutet, dass einerseits die Angaben auf Bußgeldverfahren der Vorjahre beruhen können, die 2012 abgeschlossen wurden, und andererseits Ergebnisse einiger Verfahren aus dem Jahr 2012 noch nicht aufgeführt werden konnten, da diese noch nicht rechtskräftig abgeschlossen sind.

Die Anzahl der Beanstandungen in den Ergebniskapiteln enthalten auch die noch laufenden Verfahren. Nach Abschluss des Verfahrens kann sich eine zunächst angenommene Beanstandung nachträglich als nichtig herausstellen.

5.2 Weitere mögliche Konsequenzen für beanstandete Betriebe

Werden bei einem Anwender Verstöße gegen das Pflanzenschutzgesetz festgestellt, kann das zusätzlich Auswirkungen auf die Zahlung von Fördergeldern haben. Die EU gewährt Direktzahlungen für verschiedene Maßnahmen zur Entwicklung des ländlichen Raumes nach der Verordnung (EG) Nr. 73/2009 (Cross-Compliance). Die Gewährung von Direktzahlungen ist an die Einhaltung von Vorschriften in den Bereichen Umwelt, Lebensmittel- und Futtermittelsicherheit sowie Tiergesundheit und

Berichte zu Pflanzenschutzmitteln 2012, DOI 10.1007/978-3-319-02775-3_5,
© Bundesamt für Verbraucherschutz und Lebensmittelsicherheit (BVL) 2013

Tierschutz (Cross-Compliance) geknüpft, die auch Vorschriften zum Pflanzenschutz beinhalten. Die wesentlichen Durchführungsbestimmungen zu den Cross-Compliance-Verpflichtungen finden sich in der Verordnung (EG) Nr. 1122/2009. Die Einhaltung der Vorschriften wird durch ein integriertes Verwaltungs- und Kontrollsystem überprüft.

Gemäß der Verordnung (EG) Nr. 1122/2009 sollen 1 % der Betriebsinhaber kontrolliert werden, die Beihilfeanträge für Direktzahlungen gemäß der Verordnung (EG) Nr. 73/2009 gestellt haben. Von Bedeutung ist dabei, dass Verstöße gegen Cross-Compliance-Verpflichtungen, die bei Kontrollen im Rahmen des Pflanzenschutz-Kontrollprogramms durch die Fachbehörden festgestellt werden (Cross-Checks), ebenfalls zu Prämienkürzungen führen. Bei Fahrlässigkeit findet eine Kürzung bis 5 % statt, bei wiederholten Verstößen bis 15 %. Bei vorsätzlichen Verstößen beträgt die Kürzung mindestens 20 % bis hin zum vollständigen Ausschluss der Beihilfen für ein oder mehrere Jahre.

Cross-Compliance ersetzt nicht das deutsche Fachrecht (das Pflanzenschutzrecht im Zusammenhang mit dem Pflanzenschutz-Kontrollprogramm). Deshalb sind neben den Cross-Compliance-Verpflichtungen die bestehenden Verpflichtungen, die sich aus dem Pflanzenschutzrecht ergeben, auch weiterhin einzuhalten, selbst wenn sie die Cross-Compliance-Anforderungen übersteigen. Ahndungen nach dem deutschen Pflanzenschutzgesetz (Ordnungswidrigkeiten) erfolgen zusätzlich und unabhängig von Prämienkürzungen.

Als Folge von Kontrollen können auch Ermittlungen auf der Grundlage weiterer Rechtsvorschriften eingeleitet werden. Die Pflanzenschutzdienste arbeiten hierzu beispielsweise mit Umwelt- und Naturschutzbehörden oder der Lebensmittelüberwachung zusammen.

Bei Kontrollen zum Import oder zur Durchfuhr/Transit von Pflanzenschutzmitteln können Verstöße gegen Kennzeichnungsvorschriften oder das Patentrecht aufgedeckt werden, deren weitere Verfolgung und Ahndung an die für das Chemikalienrecht zuständigen Behörden oder an die Staatsanwaltschaft abgegeben werden. Ermittlungen beim gewerbsmäßigen Handeln mit illegalen Pflanzenschutzmitteln werden in Zusammenarbeit mit der Polizei durchgeführt.

6.1 Überwachung der Zusammensetzung und der physikalischen, chemischen und technischen Eigenschaften von Pflanzenschutzmitteln

Die Pflanzenschutzdienste der Länder entnehmen Pflanzenschutzmittelproben im Handel, die durch das BVL analysiert werden. Untersucht wird, ob Wirkstoffgehalt, Gehalte an Beistoffen und Verunreinigungen sowie physikalische, chemische und technische Eigenschaften den bei der Zulassung zugrunde gelegten Angaben zur Zusammensetzung und den einzuhaltenden Bedingungen entsprechen. Dadurch soll geprüft werden, ob die im Handel befindlichen Pflanzenschutzmittel zulassungskonform sind und ob lagerungsbedingte Qualitätsverluste auftreten.

6.1.1 Pflanzenschutzmittel, die bestimmte Wirkstoffe enthalten (Planproben)

Für das Jahr 2012 wurde festgelegt, dass stichprobenartig die Zusammensetzung von Pflanzenschutzmitteln untersucht wird, die die Wirkstoffe Chlorthalonil oder Metazachlor enthalten. Die Länder Berlin, Hamburg und Bremen sollten Pflanzenschutzmittel mit dem Wirkstoff Azoxystrobin aus dem Handel entnehmen.

Es sollten dabei sowohl vom BVL zugelassene Originalprodukte als auch parallel gehandelte Pflanzenschutzmittel überprüft werden. Für diese Kontrollen wurden Pflanzenschutzmittelpackungen im Groß- und Einzelhandel entnommen, an das Referat „Produktchemie und Analytik" des BVL gesandt und im dortigen Labor für Formulierungschemie untersucht. Die Planproben wurden auf die folgenden Prüfparameter untersucht:

- Wirkstoffgehalt
- Gehalt des Beistoffes Naphthalin
- Gehalt der relevanten Verunreinigung Toluol
- bei flüssigen Formulierungen: Dichte als aussagekräftiges Identitätskriterium
- bei Emulsionskonzentraten: Emulsionsstabilität als aussagekräftiges Kriterium
- Farbe

Von den insgesamt 125 untersuchten Planproben stammten 14 Proben aus dem Parallelhandel (11,2 %). Im Jahr 2011 betrug der Anteil des Parallelhandels am Inlandsabsatz von Pflanzenschutzmitteln 9,0 %.

Ergebnis der Untersuchungen Bei 10 der untersuchten 66 Chlorthalonil enthaltenden Pflanzenschutzmittel lag der Wirkstoffgehalt außerhalb des zulässigen FAO-Toleranzbereichs. Bei allen 10 Pflanzenschutzmittelproben war der ermittelte Chlorthalonilgehalt geringer als durch die Zulassung vorgegeben. Die Herstellungsdaten dieser Pflanzenschutzmittel lagen länger als 2 Jahre zurück. Dabei fiel auf, dass in der Regel mit zunehmendem Alter auch der ermittelte Gehalt an Chlorthalonil abnahm.

Bei den 46 untersuchten Metazachlor enthaltenden Pflanzenschutzmitteln wurden keine Abweichungen im Wirkstoffgehalt festgestellt. Jedoch wurde bei einer der untersuchten Metazachlor-haltigen Pflanzenschutzmittelproben ein Gehalt an der toxikologisch relevanten Verunreinigung Toluol ermittelt, der oberhalb der festgelegten Höchstgrenze lag. Des Weiteren lag der Naphthalingehalt von 2 Metazachlor-haltigen Pflanzenschutzmittelproben oberhalb des zulässigen Toleranzbereichs.

Bei den 13 untersuchten Azoxystrobin-haltigen Pflanzenschutzmitteln wurden hinsichtlich der untersuchten Prüfparameter keine Abweichungen festgestellt.

Da bei insgesamt 13 der 125 untersuchten Planproben Abweichungen festgestellt wurden, beträgt die Mängelquote 10,4 % (siehe Tab. 6.1). Die genannten Quoten haben aufgrund der zugrunde gelegten geringen Probenzahlen keine statistische Aussagekraft, sondern geben nur einen Trend wieder.

Berichte zu Pflanzenschutzmitteln 2012, DOI 10.1007/978-3-319-02775-3_6,
© Bundesamt für Verbraucherschutz und Lebensmittelsicherheit (BVL) 2013

6.1.2 Verdachtsproben

Bei Beschwerden bei von der amtlichen Überwachung festgestellten Auffälligkeiten oder Unregelmäßigkeiten werden von den Ländern im Rahmen von Anlasskontrollen im Großhandel, im Einzelhandel oder auf der Erzeugerstufe Verdachtsproben genommen. Im Jahr 2012 wurden insgesamt 74 Verdachtsproben im BVL analysiert. Die Pflanzenschutzmittel enthielten 16 verschiedene Wirkstoffe: Deltamethrin, Diflufenican, Dimethoat, Epoxiconazol, Fenpropimorph, Florasulam, Glyphosat, Imidacloprid, Isoproturon, Metamitron, Metrafenone, Milbemectin, Nicosulfuron, Penconazol, Pinoxaden und Tebuconazol. Im Einzelfall wurde entschieden, welche Parameter zur Klärung des Verdachtes zu untersuchen waren. In den meisten Fällen waren dies Wirkstoffgehalte und Wirkstoffverunreinigungen sowie bei flüssigen Formulierungen die Dichte. Je nach Fragestellung wurden als weitere Parameter der Gehalt an ausgesuchten Beistoffen und physikalische, chemische und technische Eigenschaften wie pH-Wert, Oberflächenspannung oder Schaumbeständigkeit untersucht.

Ergebnis der Untersuchungen Von den 74 untersuchten Pflanzenschutzmittelgebinden wiesen 18 Mängel auf. Zwei Pflanzenschutzmittel wurden untersucht, weil bei ihrer Anwendung phytotoxische Schäden aufgetreten waren. Bei der Untersuchung wurde in einem Fall ein zu hoher Wirkstoffgehalt festgestellt.

Sechs Proben zugelassener Mittel wurden aufgrund eines Verdachtes auf fehlerhafte Zusammensetzung dem BVL übergeben. Bei 3 dieser Proben handelte es sich um Pflanzenstärkungsmittel, die insbesondere auf die in diesen Mitteln nicht zulässigen Wirkstoffe Didecyldimethylammoniumchlorid (DDAC) und Benzalkoniumchlorid (BAC) untersucht werden sollten. Eines dieser Mittel enthielt DDAC. Drei weitere Pflanzenschutzmittel wurden wegen Minderwirkung, sensorischer Auffälligkeiten oder Verdacht auf eine unzulässige Komponente analysiert. Bei 2 dieser Pflanzenschutzmittel wurden Abweichungen festgestellt, ein Pflanzenschutzmitteln wurde wegen eines überhöhten Dimethoatgehalts als nicht verkehrsfähig eingestuft.

16 Verdachtsproben betrafen parallel gehandelte Mittel, bei denen der Verdacht bestand, dass die erteilte Genehmigung missbraucht wurde, um ein anderes Pflanzenschutzmittel in Verkehr zu bringen als das genehmigte. Bei 7 dieser Proben konnten keine unzulässige Abweichung nachgewiesen werden. Bei den übrigen 9 Proben wurden Abweichungen von der zulässigen Zusammensetzung festgestellt, die insbesondere Frostschutzmittel und organische Lösungsmittel betrafen.

Insgesamt 48 Proben wurden wegen eines Verdachtes auf Verunreinigung mit einem für das Pflanzenschutzmittel nicht zulässigen Wirkstoff untersucht. 42 dieser 48 Proben wurden eingeschickt, da aufgrund von Überschreitungen der Höchstgehalte für Captan in Hopfen der Verdacht auf Verunreinigung mit dem Wirkstoff Captan bestand. Betroffen waren Pflanzenschutzmittel, die Folpet als Wirkstoff enthielten. In 3 dieser Proben wurde Captan in relevanten Gehalten oberhalb von 0,1 % nachgewiesen, so dass die entsprechenden Pflanzenschutzmittel als nicht verkehrsfähig angesehen wurden. Zudem wurden weitere Pflanzenschutzmittel auf die Fremdwirkstoffe Thiamethoxam oder Metalaxyl untersucht. Hierbei lagen die Befunde nur bei einem Pflanzenschutzmittel oberhalb der für diese Fremdstoffe geltenden Höchstgrenze von 0,1 %.

Bei 2 Pflanzenschutzmitteln war das Füllvolumen des Gebindes zu überprüfen. Es stellte sich bei beiden Gebinden als unzulässig gering heraus.

6.1.3 Tabellarische Übersicht der Analysen und Ergebnisse

In Tabelle 6.1 ist aufgeschlüsselt, wie sich die 199 kontrollierten Pflanzenschutzmittelgebinde auf die unterschiedlichen Probenarten verteilen. Tabelle 6.2 gibt einen Überblick über durchgeführte Analysen und beanstandete Parameter.

Tab. 6.1 Prüfung auf Produktqualität im Jahr 2012 – Übersicht der Proben mit Mängeln in der Zusammensetzung und Beschaffenheit

	Kontrollen (Anzahl)	Mängel (Anzahl, prozentual)
Anzahl untersuchter Wirkstoffe	19	–
Anzahl kontrollierter Pflanzenschutzmittel,	199	31 (15,6 %)
davon systematische Kontrollen (Planproben),	125	13 (10,4 %)
davon zugelassene Mittel	111	9 (8,1 %)
davon parallel gehandelte Mittel	14	4 (28,6 %)
davon Anlasskontrollen (Verdachtsproben),	74	18 (24,3 %)
davon aufgrund von Schäden	2	1 (50 %)
davon Verdacht auf fehlerhafte Zusammensetzung zugelassener Mittel	6	2 (33,3 %)
davon Verdacht auf illegalen Parallelhandel	16	9 (56,3 %)
davon Verdacht auf Verunreinigung mit Fremdstoffen	48	4 (8,3 %)
davon sonstige	2	2 (100 %)

Tab. 6.2 Durchgeführte Analysen und festgestellte Abweichungen von den Zulassungsdaten bei Proben aus dem Pflanzenschutz-Kontrollprogramm im Jahr 2012

Analysenparameter	Planproben		Verdachtsproben	
	Analysen	Mängel	Analysen	Mängel
Art des Wirkstoffs	125	0	36	1
Gehalt des Wirkstoffs	125	10	36	6
Verunreinigungen	46	1	54	4
Beistoffe	3	2	37	19
phys., chem., techn. Eigenschaften	253	0	143	8
Insgesamt	427[a]	13	270[a]	38

[a] Qualitative und quantitative Bestimmung des Wirkstoffs gilt als eine Bestimmung pro Probe

6.2   Verkehrskontrollen (Kontrollen im Handel)

Verkehrskontrollen erfolgen in der Regel unangemeldet. Überprüft werden sowohl der Groß- und Einzelhandel als auch der Versand- und Internethandel. Die Kontrollen erfassen einen großen Anteil der Handelsbetriebe, um besonders dem Risiko des Einkaufs und des Anwendens nicht zugelassener Pflanzenschutzmittel entgegenzuwirken. Damit nehmen die Kontrollen der Handelsbetriebe eine Schlüsselstellung im Pflanzenschutz-Kontrollprogramm ein.

6.2.1   Zulassung von Pflanzenschutzmitteln

Pflanzenschutzmittel dürfen nur in den Verkehr gebracht werden, wenn sie vom BVL zugelassen sind. Seit dem Jahr 2012 gilt nach Zulassungsende eine sechsmonatige Abverkaufsfrist für Ware, die sich zum Zeitpunkt des Zulassungsendes bereits im freien Verkehr befunden hat, es sei denn, die Zulassung wurde von Amts wegen widerrufen. Informationen über Änderungen bei der Zulassungsdauer und zur neuen Abverkaufsfrist sind in diesem Kapitel unter „Hintergrund: Änderungen bei der Zulassung, dem Abverkauf und dem Aufbrauch von Pflanzenschutzmitteln" aufgeführt. Pflanzenschutzmittel, die in anderen Mitgliedstaaten der EU zugelassen sind und mit hier zugelassenen Mitteln identisch sind, benötigen eine Genehmigung des BVL für den Parallelhandel. Pflanzenschutzmittel dürfen aus Staaten außerhalb der EU nur über die Zollstellen eingeführt werden, die für die Ein- und Ausfuhr von Pflanzenschutzmitteln aus oder in Drittstaaten bekannt gegeben sind.

In Tabelle 6.3 ist die Anzahl der Betriebe aufgeführt, in denen die Zulassung der angebotenen Mittel überprüft wurde sowie die Anzahl der beanstandeten Betriebe. Es wurde in 2.213 Betrieben überprüft, ob nur verkehrsfä-

Tab. 6.3 Kontrollen zur Verkehrsfähigkeit von Pflanzenschutzmitteln, Pflanzenstärkungsmitteln und Zusatzstoffen sowie zu Einfuhrverboten für Saat- und Pflanzgut im Jahr 2012

	Kontrollen (Anzahl)	Beanstandungen (Anzahl, prozentual)
Anzahl kontrollierter Betriebe,	2.213	453 (20,5 %)
davon systematische Kontrollen	2.127	431 (20,3 %)
davon Anlasskontrollen	86	22 (25,6 %)

hige Pflanzenschutzmittel, Pflanzenstärkungsmittel und Zusatzstoffe vertrieben werden. Bei insgesamt 20,5 % der Betriebe wurden Verstöße festgestellt (2011: 20,9 %) und Bußgelder in einer Höhe bis zu 4.000 € festgesetzt. Insgesamt wurden 1.328 Mittel beanstandet. Bei den beanstandeten Betrieben handelt es sich zu einem Großteil um Händler, die Mittel für den Haus- und Kleingartenbereich abgeben (z. B. Baumärkte, Blumenläden, Drogerien). Bei einem großen Anteil der beanstandeten Mittel war die Zulassung vor Kurzem (kürzer als ein Jahr) ausgelaufen und die Gebinde wurden nicht deutlich getrennt („Sperrlager") von den zugelassenen Produkten gelagert.

Zusätzlich zu den Handelsbetrieben wurden Internetangebote überprüft. Hierzu gehört beispielsweise die Sichtung der Angebote von Internetaktionshäusern, auf Handelsplattformen oder auf Internetseiten einzelner Händler.

> **Hintergrund: Änderungen bei der Zulassung, dem Abverkauf und dem Aufbrauch von Pflanzenschutzmitteln**
>
> Die Zulassungsdauer eines Pflanzenschutzmittels betrug bisher in der Regel 10 Jahre. Mit Inkrafttreten der Europäischen Zulassungsverordnung (Verordnung (EG) Nr. 1107/2009) richtet sich die Dauer von Pflanzenschutzmittelzulassungen künftig nach der Genehmigungsdauer der darin enthaltenen Wirkstoffe. Somit können sich kürzere aber auch längere Zeiträume ergeben als die bisherigen 10 Jahre einer Regelzulassung.
>
> Eine weitere Neuerung ist die Einführung einer sechsmonatigen Abverkaufsfrist für Pflanzenschutzmittel, die sich zum Zeitpunkt des Zulassungsendes bereits im freien Verkehr befunden haben. Für bereits erworbene Pflanzenschutzmittel gilt nun eine einheitliche Aufbrauchfrist von 18 Monaten ab Zulassungsende. Abverkaufs- und Aufbrauchfristen werden nicht gewährt, wenn die Zulassung durch Widerruf von Amts wegen endet.

Auf der Homepage des BVL (http://www.bvl. bund.de/infopsm) ist eine Übersichtsliste veröffentlicht, in der für Pflanzenschutzmittel mit beendeter Zulassung (Tab. 6.7) die Abverkaufs- und Aufbrauchfristen angegeben sind. Zusätzlich ist vermerkt, ob für ein Pflanzenschutzmittel die Beseitigungspflicht gilt. Für ältere Pflanzenschutzmittel wird dort zusätzlich eine Liste abgelaufener Pflanzenschutzmittel bereitgestellt, die bis in das Jahr 1992 zurück reicht.

6.2.2 Beseitigungspflicht für verbotene Pflanzenschutzmittel

Seit dem Jahr 2008 unterliegen Pflanzenschutzmittel einer Beseitigungspflicht, deren Anwendung gemäß der Pflanzenschutz-Anwendungsverordnung vollständig verboten ist oder die einen Wirkstoff enthalten, der in der EU nicht für die Verwendung in Pflanzenschutzmitteln genehmigt ist. Solche Pflanzenschutzmittel müssen nach § 15 PflSchG unverzüglich aus dem Lager entfernt und ordnungsgemäß entsorgt werden. Auf der Homepage des BVL (http://www.bvl.bund.de/infopsm) ist eine Übersichtsliste veröffentlicht, in der für Pflanzenschutzmittel mit abgelaufener Zulassung vermerkt ist, ob für sie die Beseitigungspflicht gilt.

Tabelle 6.4 zeigt, dass in 1.818 Betrieben des Groß- und Einzelhandels Kontrollen zur Einhaltung der Beseitigungspflicht in Pflanzenschutzmittellagern durchgeführt wurden. In 69 Betrieben (3,8 %) wurden Pflanzenschutzmittel vorgefunden, die der Beseitigungspflicht unterliegen (2011: 1,6 %). Hier wurde die sofortige Beseitigung angeordnet. Es wurden Bußgelder bis 35 € erhoben.

Tab. 6.4 Kontrollen im Handel zur Einhaltung der Beseitigungspflicht von verbotenen Pflanzenschutzmitteln im Jahr 2012

	Kontrollen (Anzahl)	Beanstandungen (Anzahl, prozentual)
Anzahl der kontrollierten Betriebe,	1.818	69 (3,8 %)
davon systematische Kontrollen	1.745	67 (3,8 %)
davon Anlasskontrollen	73	2 (2,7 %)

6.2.3 Kennzeichnung von Pflanzenschutzmitteln

Sämtliche vorgeschriebenen Angaben müssen grundsätzlich auf den Behältnissen und abgabefertigen Packungen stehen. Während in der Regel alle kontrollierten Mittel auf ihren Zulassungsstatus überprüft werden, kann eine Überprüfung der Kennzeichnung mit ihren umfangreichen Angaben nur stichprobenartig erfolgen. Bei einem Teil der Gebinde erfolgt eine Komplettprüfung der aufgedruckten Kennzeichnung.

Wie in Tabelle 6.5 aufgeführt, wurden 52.115 Pflanzenschutzmittel-Gebinde hinsichtlich der Kennzeichnung kontrolliert, davon 555 komplett. Aufgrund von Kennzeichnungsmängeln wurden 509 Mittel (1,0 %) beanstandet (Vorjahr: 0,8 %). Es wurden Bußgelder bis 100 € erhoben.

Tab. 6.5 Kontrollen zur Kennzeichnung von Pflanzenschutzmitteln im Jahr 2012

	Kontrollen (Anzahl)	Beanstandungen (Anzahl, prozentual)
Anzahl kontrollierter Pflanzenschutzmittel-Gebinde,	52.115	509 (1,0 %)
davon systematische Kontrollen	50.705	482 (1,0 %)
davon Anlasskontrollen	1.410	27 (1,9 %)
davon Komplettprüfung	555	34 (6,1 %)

6.2.4 Selbstbedienungsverbot

Pflanzenschutzmittel dürfen nicht durch Automaten oder durch andere Formen der Selbstbedienung in den Verkehr gebracht werden. Das Selbstbedienungsverbot gilt für alle Handelsstufen. Dieses Verbot ist dann nicht beachtet, wenn sich der Kunde Mittel selbst aus dem Regal oder Lager holen kann, ohne dabei in Ladenbereiche zu gelangen, die für ihn gesperrt sind. Bei der Kontrolle wird überprüft, ob die Aufstellflächen für Pflanzenschutzmittel diesen Anforderungen genügen. Die Ergebnisse sind in Tabelle 6.6 aufgeführt.

Insgesamt wurden 2.290 Betriebe kontrolliert. Die Gesamtbeanstandungsquote von 8,4 % ist identisch mit der des Vorjahres. Aufgrund der Beanstandungen wurden Bußgelder in einer Höhe bis zu 200 € festgesetzt.

Tab. 6.6 Kontrollen zum Selbstbedienungsverbot für Pflanzenschutzmittel im Jahr 2012

	Kontrollen (Anzahl)	Beanstandungen (Anzahl, prozentual)
Anzahl kontrollierter Betriebe,	2.290	192 (8,4 %)
davon systematische Kontrollen	2.189	173 (7,9 %)
davon Anlasskontrollen	101	19 (18,8 %)

6.2.5 Anzeigepflicht von Handelsbetrieben

Der Anzeigepflicht nach § 24 PflSchG unterliegen alle Betriebe, die Pflanzenschutzmittel zu gewerblichen Zwecken oder im Rahmen sonstiger wirtschaftlicher Unternehmungen in den Verkehr bringen, zu gewerblichen Zwecken einführen oder in der EU transportieren wollen, z. B. Landhandel, Genossenschaften, Bezugsgemeinschaften, Floristen- und Drogistenbedarf, Gartencenter, Blumenläden, Baumärkte, Haushaltswarengeschäfte, Drogerien, Apotheken. Die Anzeigepflicht umschließt auch die Vermittlung und sonstige Hilfsleistungen bei einer der genannten Tätigkeiten. Die Anzeigepflicht gilt nicht für Landwirte, die Pflanzenschutzmittel nur für den eigenen Betrieb in einem anderen Mitgliedstaat der Europäischen Gemeinschaft erwerben. Vor diesem sogenannten innergemeinschaftlichen Verbringen gemäß § 51 PflSchG muss der Landwirt beim BVL einen Antrag auf Genehmigung stellen. Diese Betriebe sind nicht in die allgemeine Verkehrskontrolle einbezogen, sondern werden im Rahmen von Anwendungskontrollen überwacht.

Außer über systematische und anlassbezogene Betriebskontrollen werden auch aufgrund von Nachfragen bei Gewerbeaufsichtsämtern, Handelskammern oder Recherchen im Branchenbuch überprüft, ob die anzeigerelevanten betrieblichen Tätigkeiten gemäß § 24 PflSchG gemeldet wurden.

Die Beanstandungsquote bei den insgesamt 2.231 kontrollierten Betrieben (Tab. 6.7) liegt mit 7,5 % unter dem Niveau des Vorjahres (2011: 10 %). In Ordnungswidrigkeitsverfahren wurden Bußgelder in einer Höhe bis zu 200 € erhoben.

Tab. 6.7 Kontrollen zur Einhaltung der Anzeigepflicht gemäß § 24 PflSchG (Handelsbetriebe) im Jahr 2012

	Kontrollen (Anzahl)	Beanstandungen (Anzahl, prozentual)
Anzahl kontrollierter Betriebe	2.231	167 (7,5 %)

6.2.6   Sachkunde und Unterrichtungspflicht

Jede Person, die Pflanzenschutzmittel abgibt, muss die erforderliche Zuverlässigkeit und Sachkunde besitzen. Bei der Abgabe ist der Käufer über die Anwendung des Pflanzenschutzmittels, insbesondere über Verbote und Beschränkungen, zu unterrichten. Bei einem Verkauf von Pflanzenschutzmitteln an nichtberufliche Anwender müssen zusätzlich allgemeine Informationen über die Risiken der Anwendung von Pflanzenschutzmitteln für Mensch, Tier und Naturhaushalt zur Verfügung gestellt werden. Hiermit sind insbesondere der Anwenderschutz, die sachgerechte Lagerung, Handhabung und Anwendung sowie die sichere Beseitigung gemeint.

Bei einer Kontrolle wird das Verkaufspersonal zunächst darüber befragt, wer Pflanzenschutzmittel verkauft. Wenn der Betrieb das sogenannte Anzeigeverfahren bereits durchgeführt hat, wird gegebenenfalls geprüft, ob der Abgebende den Kontrollbehörden bekannt ist. Sollte dies nicht der Fall sein, wird die Vorlage des Sachkundenachweises verlangt. Zur Überprüfung der fachlichen Kenntnisse und der Unterrichtungspflicht werden neben Befragungen auch Testkäufe durch Mitarbeiter der Pflanzenschutzdienste durchgeführt.

Die Ergebnisse der Kontrollen zur Sachkunde in 2.377 Betrieben sind in Tabelle 6.8 aufgeführt. In 3,5 % der kontrollierten Betriebe wurden unzureichende fachliche Kenntnisse des Verkaufspersonals beanstandet (2011: 4,2 %) und Bußgelder in einer Höhe bis zu 100 € erteilt. Auf die kontrollierten Personen bezogen liegt die Beanstandungsquote mit 1,7 % leicht unter dem Niveau des Vorjahres (2011: 2,2 %).

Tab. 6.8 Kontrollen zu erforderlichen fachlichen Kenntnissen (Sachkunde) der Pflanzenschutzmittelabgeber im Einzel- und Versandhandel im Jahr 2012

	Kontrollen (Anzahl)	Beanstandungen (Anzahl, prozentual)
Anzahl kontrollierter Betriebe	2.377	84 (3,5 %)
Anzahl kontrollierter Personen	5.896	98 (1,7 %)

Die Ergebnisse der Kontrollen zur Unterrichtungspflicht in 1.050 Betrieben sind in Tabelle 6.9 aufgeführt. In 4,2 % der überprüften Betriebe wurden Mängel bei der Beratung festgestellt (2011: 5,8 %) und Bußgelder bis zu einer Höhe von 150 € erteilt. Bezogen auf die Anzahl der kontrollierten Personen liegt die Beanstandungsquote im Jahr 2012 mit 3,2 % deutlich unter der des Vorjahres 2011 (6,0 %).

Tab. 6.9 Kontrollen zur Unterrichtungspflicht der Pflanzenschutzmittelabgeber im Einzel- und Versandhandel im Jahr 2012

	Kontrollen (Anzahl)	Beanstandungen (Anzahl, prozentual)
Anzahl kontrollierter Betriebe	1.050	44 (4,2 %)
Anzahl kontrollierter Personen	1.472	47 (3,2 %)

6.3 Anwendungskontrollen

6.3.1 Bundesweiter Kontrollschwerpunkt: Anwendung von Pflanzenschutzmitteln im Zierpflanzenbau, einschließlich Ziergehölzen (Baumschulen, Weihnachtsbäume)

Im Jahr 2012 wurde die 2010 begonnene schwerpunktmäßige Kontrolle von Pflanzenschutzmittel-Anwendungen im Zierpflanzenbau, einschließlich Ziergehölzen (Baumschulen, Weihnachtsbäume) fortgeführt. Anlass für die Festlegung dieses Schwerpunkts waren Hinweise, dass an einige Betriebe, die Zierpflanzen kultivieren, nicht zugelassene Pflanzenschutzmittel geliefert wurden (siehe Jahresbericht Pflanzenschutz-Kontrollprogramm 2009, Seite 17).

Der Verbraucher ist von der Anwendung von Pflanzenschutzmitteln in Zierpflanzen und Ziergehölzen nicht unmittelbar betroffen. Die Pflanzen werden nicht verzehrt, und ein Kontakt von Verbrauchern mit behandelten Pflanzen erfolgt in der Regel nur kurz und nicht unmittelbar nach einer Anwendung. Im Fokus bei der Prüfung von Pflanzenschutzmitteln für Zierpflanzen im Zulassungsverfahren steht daher der Schutz der Anwender, Anwohner und der Umwelt. Pflanzenschutzmittel dürfen nur zugelassen werden, wenn negative gesundheitliche Auswirkungen beim Anwender bei bestimmungsgemäßer und sachgerechter Anwendung ausgeschlossen werden können.

In Deutschland werden auf einer Grundfläche von rund 7.200[1] ha Zierpflanzen (Zimmerpflanzen, Beet- und Balkonpflanzen, Stauden, Schnittblumen und Zierpflanzen zum Schnitt) produziert. Davon sind rund 4.900[1] ha im Freiland und rund 2.300[1] ha im geschützten Anbau (z. B. Gewächshäuser, Folientunnel). Die größte Anbaufläche befindet sich in Nordrhein-Westfalen (2.752[1] ha), gefolgt von Bayern (913[1] ha), Niedersachsen (814[1] ha) und Baden-Württemberg (804[1] ha).

In Deutschland gibt es 3.035[1] Betriebe, die insgesamt rund 22.600[1] ha Baumschulflächen (Obstgehölze, Rosenunterlagen und -veredelungen, Ziergehölze, Weihnachtsbaumkulturen, Forstpflanzen) bewirtschaften. Im diesjährigen Schwerpunkt wurden neben Zierpflanzen auch Pflanzenschutzmittel-Anwendungen in Ziergehölzen kontrolliert, die mit rund 12.150[1] ha Anbaufläche den größten Anteil an den Baumschulflächen haben. Ebenfalls überprüft wurde die Anwendung in Weihnachtsbaumkulturen mit einer Anbaufläche von ca. 50.000 ha.

Bei Zierpflanzen erfolgt die Produktion von Stecklingen oft in Ländern, die sich aufgrund ihres Klimas besonders für die Pflanzenzucht eignen, beispielsweise in Ägypten, Äthiopien, Costa Rica, El Salvador, Israel, Kenia oder Uganda. Das deutsche Pflanzenschutzgesetz schreibt vor, dass Pflanzgut, das Pflanzenschutzmittel enthält, nur nach Deutschland eingeführt werden darf, wenn die Pflanzenschutzmittel zum Zeitpunkt der Einfuhr in Deutschland in diesem Anwendungsgebiet angewendet werden dürfen oder in einem anderen EU-Mitgliedstaat für dieses Anwendungsgebiet zugelassen sind. Damit wird das hohe Schutzniveau für Anwender und die Umwelt auch bei importiertem Pflanzgut gewährleistet.

Aus einem analytischen Nachweis von nicht in der jeweiligen Kultur bzw. nicht in Deutschland zugelassenen Pflanzenschutzmittelwirkstoffen kann nicht automatisch auf ein Fehlverhalten des Anwenders geschlossen werden. Vielmehr ist eine Prüfung im Einzelfall notwendig:

- Durch die zunehmend genauere Analytik können auch sehr geringe Rückstände nachgewiesen werden, die z. B. aus der Abdrift bei einer Anwendung in Nachbarkulturen oder aus technisch bedingten Restmengen, die in dem Spritzgerät aus einer vorherigen Anwendung verblieben sind, stammen.
- Nach Deutschland dürfen Saatgut und Pflanzgut importiert und verwendet werden, die mit Pflanzenschutzmitteln behandelt wurden, die in einem Mitgliedstaat der EU für dieses Anwendungsgebiet zugelassen sind. Daher können importierte Zierpflanzen oder Ziergehölze Rückstände von in Deutschland nicht zugelassenen Pflanzenschutzmitteln enthalten. Im Zierpflanzenbau erfolgt die Jungpflanzenaufzucht oft in speziellen Betrieben, häufig im Ausland.

Im Kontrollschwerpunkt sollten möglichst viele verschiedene Arten von Zierpflanzen oder Ziergehölzen darauf kontrolliert werden, ob nur zulässige Pflanzenschutzmittel eingesetzt wurden. Dazu werden auf behandelten Flächen oder aus Töpfen Blatt- oder Bodenproben gezogen. Einige Proben wurden direkt aus der Behandlungsflüssigkeit entnommen, da die Kontrolle zurzeit der Anwendung stattfand. Unter Umständen lassen sich Verstöße auch aus der betriebseigenen Dokumentation ableiten. Zur besseren Übersicht der Ergebnisse sind die Kulturen in folgende Kategorien gruppiert:

- Zierpflanzen (z. B. Chrysanthemen, Fuchsien, Geranien, Pelargonien, Sonnenblumen, Weihnachtssterne)
- Laubgehölze, inklusive Obst, Ziersträuchern und Rosen (z. B. Apfel, Buche, Buchsbaum, Forsythie, Hortensie)
- Weihnachtsbäume, einschließlich sonstiger Nadelgehölze (z. B. Tannen, Fichten, Thuja)

Bei den kontrollierten Laubgehölzen und Nadelgehölzen handelte es sich fast ausschließlich um Freilandkulturen,

---

[1] Statistisches Bundesamt (2010) Statistisches Jahrbuch für die Bundesrepublik Deutschland 2010, Wiesbaden

Tab. 6.10 Ergebnisse der Schwerpunktkontrollen zur Anwendung von Pflanzenschutzmitteln im Zierpflanzenbau, einschließlich Ziergehölzen (Baumschulen, Weihnachtsbäume) für das Jahr 2012 – Ergebnisse der Kontrollen mit Probenahmen (Probenumfang und Beanstandungen)

	Kontrollen (Anzahl)	Beanstandungen aufgrund von Wirkstoff-Anwendungen (Anzahl, prozentual)
Anzahl kontrollierter Kulturen,	327	46 (14,1 %)
davon Zierpflanzen	110	20 (18,2 %)
davon Laubgehölze (einschließlich Ziersträucher, Obstgehölze und Rosen)	82	24 (29,3 %)
davon Nadelgehölze (einschließlich Weihnachtsbaumkulturen)	130	2 (1,5 %)
davon ohne genaue Angaben	5	0 (–)

während die Zierpflanzen überwiegend in Topfkulturen in Gewächshäusern gezogen wurden.

Tabelle 6.10 gibt eine Übersicht über die Ergebnisse. Insgesamt wurden 327 Kulturen in 335 Betrieben überprüft und dazu 389 Blatt- und Bodenproben auf Rückstände untersucht. 46 Kulturen (14,1 %) wurden beanstandet, weil im Betrieb Pflanzenschutzmittel angewendet wurden, die für die behandelte Kultur keine Zulassung hatten. Die Beanstandungen in Tabelle 6.10 beziehen sich ausschließlich auf Pflanzenschutzmittelanwendungen, die in den kontrollierten Betrieben durchgeführt wurden. In der Statistik nicht enthalten sind Beanstandungen von Pflanzen, die importiert wurden und die Wirkstoffe enthielten, deren Anwendung in der gesamten EU nicht mehr zulässig war.

Für die verschiedenen Kulturen ergeben sich folgende Ergebnisse:

- Bei 110 Kontrollen in Zierpflanzen, wie Chrysanthemen, Fuchsien, Geranien, Pelargonien, Sonnenblumen oder Weihnachtssternen wurden in 20 Fällen (18,2 %) nicht zulässige Pflanzenschutzmittelanwendungen nachgewiesen.
- In Betrieben, die Laubbäume, einschließlich Obstgehölze, Ziersträucher und Rosen kultivieren, wurden bei 24 von 82 Kontrollen (29,3 %) unzulässige Pflanzenschutzmittelanwendungen festgestellt.
- In 2 von 130 kontrollierten Nadelgehölzen (1,5 %), hauptsächlich Weihnachtsbaumkulturen, wurden Wirkstoffe nachgewiesen, die in den jeweiligen Kulturen nicht zugelassen waren.
- Zu 5 Kontrollen ohne Beanstandungen wurden keine näheren Angaben zur kontrollierten Kultur gemacht.

Neben der Kontrolle der angewendeten Pflanzenschutzmittel fanden Überprüfungen der Sachkunde von Anwendern, der Dokumentation der Pflanzenschutzmittelanwendungen und zur Entsorgungspflicht von Pflanzenschutzmitteln statt. Hierbei ergaben sich Verstöße gegen pflanzenschutzrechtliche Vorschriften. Beispielsweise fehlte eine ausreichende Sachkunde bei Anwendern (Verstoß gegen § 12 (3) PflSchG), Aufzeichnungen über Pflanzenschutzmittelanwendungen fehlten oder waren unvollständig (Verstoß gegen Artikel 67 Absatz 1 Satz 2

der VO (EG) Nr. 1107/2009 in Verbindung mit § 11 PflSchG) oder Pflanzenschutzmittel wurden ohne Genehmigung auf nicht landwirtschaftlich, forstwirtschaftlich oder gärtnerisch genutzten Flächen angewendet (Verstoß gegen § 12 (2) PflSchG). Weitere Beanstandungen ergaben sich, da Pflanzen zum Verkauf angeboten wurden, die Rückstände von Pflanzenschutzmittel-Wirkstoffen enthielten, die zum Zeitpunkt der Einfuhr weder in Deutschland noch in einem anderen EU-Mitgliedstaat zugelassen waren. Insgesamt wurden in 77 Betrieben Verstöße festgestellt, darunter auch die 46 Fälle, in denen Pflanzenschutzmittel im eigenen Betrieb angewendet wurden, die keine Zulassungen in den behandelten Kulturen hatten. Eine Übersicht über die Wirkstoffe, die im eigenen Betrieb angewendet wurden und die zu den Beanstandungen führten, ist in Tabelle 6.11 zu finden.

Folgende Kulturen blieben ohne Beanstandungen (Anzahl der Kontrollen in Klammern):

- Zierpflanzen: Astern (2), Fettblatt (1), Bartnelken (1), Schildblume (1), Spinnenblume (2), Dahlien (2), Fleißiges Lieschen (1), Fuchsien (7), Gladiolen (2), Lobelien (1), Margeriten (1), Paprika (1), Primeln (7), Rosmarin (1), Sonnenblumen (1), Tulpe (1), Veilchen (1), Verbene (1), Wolfsmilch (1), Zinnien (1) und sonstige Zierpflanzen (5)
- Laubgehölze, einschließlich Obst: Ahorn (1), Apfel (6), Bergulme (1), Erle (1), Forsythie (2), Hainbuche (3), Hartriegel (1), Hortensie (5), Kirsche (2), Pappel (1), Winterlinde (1), diverse Ziergehölze (9) und Zwergmispel (1).

Die Analysenergebnisse zeigen, dass in Zierpflanzen teilweise Wirkstoffe eingesetzt wurden, deren Verwendung als Pflanzenschutzmittel EU-weit verboten ist und bei denen die Zulassungen von Pflanzenschutzmitteln in Deutschland teilweise schon vor langer Zeit ausgelaufen sind: Endosulfan, Fenpropathrin, Flurprimidol, Lindan, Methamidophos, Propoxur, Tolylfluanid, Triadimefon und Vinclozolin. In Tabelle 6.11 sind sie an dem hochgestellten „a" zu erkennen.

Einige der beanstandeten Anwendungen erfolgten mit Wirkstoffen, die in Deutschland in den vergangenen Jahren in zugelassenen Pflanzenschutzmitteln enthalten wa-

Tab. 6.11 Nachgewiesene Rückstände von nicht in der Kultur zulässigen Wirkstoffen im Schwerpunkt „Anwendung von Pflanzenschutzmitteln im Zierpflanzenbau, einschließlich Ziergehölzen (Baumschulen, Weihnachtsbäume)" für das Jahr 2012 – aufgeführt sind die beanstandeten Wirkstoffe, die im kontrollierten Betrieb selbst angewendet wurden

Untersuchte Kulturen	Anzahl kontrollierter Kulturen	Anzahl der Kulturen mit Beanstandungen	Nachgewiesene Wirkstoffe, deren Anwendung in den untersuchten Kulturen nicht zulässig war
Zierpflanzen			
Alpenveilchen	9	4	Carbendazim[c], Cypermethrin[c], Cyprodinil[d], Fluazinam[c], Tebuconazol[d], Teflubenzuron[b] (2007), Triadimenol[c]
Begonien	4	1	Tolylfluanid[a] (2010)
Christrose	1	1	Spiroxamine[c]
Chrysanthemen	13	1	Deltamethrin[d]
Glanzkölbchen	1	1	Fenproprathin[a] (2003), Lindan[a] (1997)
Lavendel	1	1	Mepanipyrim[c]
Geranien (Pelargonien)	25	3	Fluazinam[c], Flurprimidol[a] (2008) Methamidophos[a] (2008), Paclobutrazol[c], Triadimenol[c]
Petunien	6	2	Flurprimidol[a] (2008), Tolylfluanid[a] (2010), Vinclozolin[a] (2002)
Platterbse	2	1	Bitertanol[b] (2004), Spiroxamine[c]
Potentilla (Fingerstrauch)	1	1	Pencycuron[c], Prochloraz[c]
Stiefmütterchen	2	1	*Bacillus thuringiensis* ssp. *kurstaki*[c]
Weihnachtssterne	3	2	2 × Chlormequat[d]
Zierspargel	1	1	Methomyl[b] (1991)
Laubgehölze, einschließlich Obst			
Besenheide (Calluna)	3	1	Pencycuron[c]
Buchsbaum	4	1	Cyprodinil[c]
Eiche	2	1	Flusilazol[c]
Felsenbirne	1	1	Methamidophos[a] (2008)
Hibiscus	1	1	Flonicamid[d], Linuron[b] (1997)
Johannisbeere	3	2	Dimethoat[c], Flusilazol[c], Penconazol[c]
Jasmin-Nachtschatten	3	1	Cyprodinil[c]
Rhododendron und Azaleen	3	2	Bifenthrin[b] (2010), Endosulfan[a] (1991), Fluazinam[c], Pyridaben[b] (es gab nie Zulassungen in D.), Thiophanat-methyl[c]
Rosen	23	11	Bupirimat[b] (1989), Cyflufenamid[c], Cyprodinil[d], Deltamethrin[d], 3 × Dodemorph[b] (1988), Fenpropathrin[a] (2003), Fludioxonil[d], 2 × Haloxyfop[c], Metrafenone[c], 2 × Penconazol[c] Prochloraz[c], Propoxur[a] (1999), Thiacloprid[d], Triadimefon[a] (2003)
Rotbuche	4	2	Clothianidin[c], 2 × Milbemectin[c]
Wildobst	1	1	Milbemectin[c]
Weihnachtsbäume und Nadelgehölze	130	2	Methamidophos[a] (2008), Terbuthylazin[c]

[a] Die Wirkstoffe sind EU-weit in Pflanzenschutzmitteln unzulässig. In Klammern ist das Jahr mit der letzten Zulassung von Pflanzenschutzmitteln in Deutschland angegeben, sofern Zulassungen bestanden.

[b] Die Wirkstoffe können in der EU prinzipiell in Pflanzenschutzmitteln enthalten sein; es gab 2012 aber keine zugelassenen Pflanzenschutzmittel in Deutschland. Bis zum genannten Jahr bestanden Zulassungen von Pflanzenschutzmitteln mit diesem Wirkstoff in Deutschland (nicht unbedingt zur Anwendung in Zierpflanzen, teilweise gab es Aufbrauchfristen).

[c] Pflanzenschutzmittel mit dem genannten Wirkstoff waren 2012 in Deutschland zugelassen oder unterlagen der Aufbrauchfrist, jedoch nicht zur Anwendung in den genannten Zierpflanzen.

[d] Pflanzenschutzmittel mit dem genannten Wirkstoff waren 2012 in Deutschland zugelassen, auch zur Anwendung in den genannten Zierpflanzen. Bei den Anwendungen wurden die mit der Zulassung festgelegten Beschränkungen (nur im Gewächshaus, nur im Freiland, nur für die Anwendung im Haus- und Kleingarten) nicht beachtet oder es wurden Produkte verwendet, die keine Zulassung in Deutschland haben.

ren, aber im Jahr 2012 nicht mehr angewendet werden durften. In anderen Mitgliedstaaten sind Pflanzenschutzmittel mit diesen Wirkstoffen teilweise noch zugelassen: Bifenthrin, Bitertanol, Bupirimat, Dodemorph, Methomyl, Linuron und Teflubenzuron. Pflanzenschutzmittel mit dem Wirkstoff Pyridaben waren in Deutschland nie zugelassen. Wirkstoffe, die in diese Kategorie fallen, sind in Tabelle 6.11 mit einem „b" markiert.

Ein Teil der Beanstandungen ergab sich aus dem Nachweis von Wirkstoffen, die in Deutschland in zugelassenen Pflanzenschutzmitteln enthalten sind, jedoch nicht in den beprobten Kulturen angewendet werden durften. Die Wirkstoffe sind in Tabelle 6.11 an einem hochgestellten „c" zu erkennen.

Weitere Beanstandungen entfielen auf Fälle, bei denen der Wirkstoff in den beprobten Kulturen zulässig war, aber nicht das verwendete Pflanzenschutzmittel. In einigen Fällen wurden Anwendungsvorschriften missachtet (Anwendung nur unter Glas bzw. nur im Freiland, nur für die Anwendung im Haus- und Kleingarten). Markiert sind solche Wirkstoffe in Tabelle 6.11 mit einem „d".

Fazit Aus den Ergebnissen des Schwerpunkts kann <u>nicht</u> der Schluss gezogen werden, dass im Zierpflanzenbau generell Pflanzenschutzmittel nicht ordnungsgemäß angewendet werden. Aufgrund des geringen Probenumfangs für die einzelnen Kulturen können die Ergebnisse nicht auf eine Allgemeinsituation in Deutschland extrapoliert werden. Im Schwerpunkt wurden beispielsweise Betriebe gezielt kontrolliert, die in Vorjahreskontrollen auffällig gewesen waren.

Die Ergebnisse des Pflanzenschutz-Kontrollprogramms zeigen, dass in Zierpflanzen und Ziergehölzen teilweise nicht oder nicht in der Kultur zugelassene Pflanzenschutzmittel angewendet oder unzulässiges Pflanzgut importiert wurden, die Rückstände von Wirkstoffen enthielten, deren Verwendung in der EU nicht erlaubt ist.

6.3.2 Bundesweiter Kontrollschwerpunkt: Anwendung von Pflanzenschutzmitteln in Kernobst – Äpfel, Birnen, Quitte, Apfelbeere (Aronia)

Seit dem Jahr 2011 wird in einem bundesweiten Schwerpunkt die Anwendung von Pflanzenschutzmitteln in Kernobst kontrolliert. Zum Kernobst gehören Äpfel, Birnen, Quitten und die Apfelbeere (Aronia).

Die Auswahl von Kernobst erfolgte unter Berücksichtigung mehrerer Aspekte: Verbraucher haben großes Interesse an Informationen über die Anwendung von Pflanzenschutzmitteln in Kulturen, die der Ernährung dienen. Obstkulturen werden relativ intensiv mit Pflanzen-

Tab. 6.12 Ergebnisse der Schwerpunktkontrollen zur Anwendung von Pflanzenschutzmitteln im Kernobst für das Jahr 2012 – Probenumfang und Beanstandungen

	Kontrollen (Anzahl)	Beanstandungen (Anzahl, prozentual)
Anzahl kontrollierter Betriebe	238	8 (3,4 %)
Anzahl kontrollierter Schläge	246	8 (3,3 %)

schutzmitteln behandelt, da es ein großes Spektrum an Schädlingen und Krankheiten gibt und der Handel und die Verbraucher besondere Anforderungen an die Beschaffenheit der Früchte stellen (makelloses Aussehen, Lagerfähigkeit).

In Deutschland werden erwerbsmäßig auf ca. 31.800² ha Äpfel und auf ca. 2.100² ha Birnen angebaut. Die größten Obstanbauflächen liegen in Baden-Württemberg, gefolgt von Niedersachsen, Bayern und Rheinland-Pfalz. Die bekanntesten Anbaugebiete für Äpfel sind das Alte Land bei Hamburg und die Bodenseeregion.

Für die Kontrollen wurde ein Mindeststoffspektrum an Wirkstoffen vorgegeben, das die Ergebnisse der Lebensmittelüberwachung und Änderungen in der Zulassungssituation von Pflanzenschutzmitteln zur Anwendung in Kernobst der letzten Jahre berücksichtigt. Insbesondere wurde kontrolliert, ob Pflanzenschutzmittel mit ausgelaufenen oder widerrufenen Zulassungen nur bis zum Ende der gesetzlichen Aufbrauchfrist angewendet wurden und nicht darüber hinaus.

Im Jahr 2012 wurden in 238 Betrieben die Anwendungen von Pflanzenschutzmitteln in Kernobst auf insgesamt 246 Schlägen überprüft. In 8 Betrieben (8 Schläge) wurde bemängelt, dass Pflanzenschutzmittel eingesetzt wurden, die in Deutschland keine Zulassung bzw. Genehmigung für eine Anwendung in der überprüften Kultur hatten, oder EU-weit nicht mehr in Pflanzenschutzmitteln enthalten sein dürfen. Das entspricht einer Beanstandungsquote von 3,4 % der kontrollierten Betriebe bzw. 3,3 % der kontrollierten Schläge (siehe Tab. 6.12).

In Tabelle 6.13 sind detaillierte Angaben zu den insgesamt 246 überprüften Schlägen aufgeführt. Es wurden 213 Apfelplantagen und 33 Birnenpflanzungen kontrolliert. Auf den 8 beanstandeten Schlägen wurden insgesamt 11 nicht zulässige Wirkstoffanwendungen festgestellt. In 10 Fällen wurden Wirkstoffe angewendet, die in Deutschland in zugelassenen Pflanzenschutzmitteln enthalten sein dürfen, die jedoch keine Zulassung für eine Anwendung in Kernobst besitzen: Carbendazim, Chlorpyrifos, Deltamethrin, Diflubenzuron, Dimethoat, Dime-

---

² BMELV (2009) Statistisches Jahrbuch über Ernährung, Landwirtschaft und Forsten der Bundesrepublik Deutschland 2009, Bremerhaven

Tab. 6.13 Ergebnisse der Schwerpunktkontrollen zur Anwendung von Pflanzenschutzmitteln im Kernobst für das Jahr 2012 (nachgewiesene Rückstände von nicht zulässigen Wirkstoffen, die aus aktuellen Anwendungen in den aufgeführten Kulturen stammen)

Untersuchte Kulturen	Anzahl kontrollierter Schläge	Anzahl der Schläge mit Beanstandungen	Nachgewiesene Wirkstoffe, deren Anwendung in den untersuchten Kulturen nicht zulässig war
Äpfel	213	8	Carbendazim[b], Chlorpyrifos[b], 2 × Deltamethrin[b], Diflubenzuron[b], 2 × Dimethoat[b], Dimethomorph[b], Flusilazol[b], Propamocarb[b], Triadimefon[a] (2003)
Birnen	33	0	–

[a] Der Wirkstoff ist EU-weit in Pflanzenschutzmitteln unzulässig. In Klammern ist das Jahr mit der letzten Zulassung von Pflanzenschutzmitteln in Deutschland angegeben, sofern Zulassungen bestanden.
[b] Pflanzenschutzmittel mit den genannten Wirkstoffen waren 2012 in Deutschland zugelassen, jedoch nicht zur Anwendung in Kernobst.

thomorph, Flusilazol und Propamocarb. In einem Fall wurde der Wirkstoff Triadimefon nachgewiesen, dessen Anwendung EU-weit seit 2004 nur in Ausnahmefällen erlaubt war und seit 2007 vollständig verboten ist. Die letzte Zulassung eines Triadimefon-haltigen Pflanzenschutzmittels in Deutschland endete 2003.

6.3.3 Anwendungskontrollen in landwirtschaftlichen, gärtnerischen und forstwirtschaftlichen Betrieben

Die Kontrollen zur Anwendung von Pflanzenschutzmitteln erfolgen in Form von:

- Kontrollen in den Betrieben (Betriebsprüfungen),
- Kontrollen auf Flächen während der Anwendung von Pflanzenschutzmitteln,
- Kontrollen auf Flächen nach der Anwendung von Pflanzenschutzmitteln.

Kontrollen **in den Betrieben** (auf dem Hof) werden ganzjährig durchgeführt. Die Kontrollen erfolgen teilweise angemeldet, um kompetente Ansprechpartner im Betrieb anzutreffen. Die Betriebe werden aufgrund einer systematischen Auswahl und der Festsetzung von Schwerpunkten bestimmt und kontrolliert. Zusätzlich können anlassbezogen vertiefte Kontrollen vor Ort durchgeführt werden, z. B. Kontrollen nach der Anwendung von Pflanzenschutzmitteln.

Kontrollen auf Flächen **während der Anwendung** oder unmittelbar danach erfolgen grundsätzlich unangemeldet. Sie sind nur durchführbar, wenn sich der Anwender auf der Fläche befindet. Deshalb ist eine exakte Jahresplanung nicht möglich. Für bestimmte Kulturen oder innerhalb enger Anwendungszeitfenster sind diese Kontrollen eingeschränkt planbar (Beispiel: Überprüfung der Anwendung bienengefährlicher Pflanzenschutzmittel zur Blütezeit). Bei den Anwendungskontrollen auf dem Feld wird durch Befragung der Landwirte oder Kontrolle mitgeführter Pflanzenschutzmittelbehältnisse festgestellt, welche Produkte appliziert werden. Anschließend wird überprüft, ob die verwendeten Pflanzenschutzmit-

tel zugelassen sind, welche Anwendungsgebiete sowie Anwendungsbestimmungen festgesetzt sind oder ob sie einem Anwendungsverbot oder einer Anwendungsbeschränkung unterliegen. Die Auskünfte des Anwenders und die festgestellten Ergebnisse werden protokollarisch festgehalten. Wenn keine Behältnisse mitgeführt werden oder Zweifel an den Aussagen des Anwenders bestehen, werden zur Überprüfung der Angaben Fassproben (Behandlungsflüssigkeitsproben) entnommen und rückstandsanalytisch untersucht.

Kontrollen auf der Fläche **nach der Anwendung** sind stets planbare Kontrollen und gehen in der Regel mit einer Entnahme von Pflanzen- oder Bodenproben einher. Sie müssen jedoch in einem angemessen kurzen Zeitraum nach der Anwendung erfolgen. Die Auswahl und eindeutige Zuordnung von Flächen zu Betrieben ist vor den Probenahmen möglich. Bei einer Herbizidanwendung lässt sich auch visuell überprüfen, ob die Anwendungsbestimmungen (z. B. unbehandelter Randstreifen, Abstand zum Gewässer) eingehalten worden sind. In der Regel erfolgt vor, während oder nach der Beprobung eine Befragung des Bewirtschafters, um eingrenzen zu können, welche Pflanzenschutzmittelwirkstoffe bei der Laboranalyse berücksichtigt werden müssen. Die Kontrollen mittels Analyse von Boden- oder Blattproben sind sehr zeit- und kostenintensiv.

Die Summenangaben im vorliegenden Bericht beziehen sich auf die einzelnen überprüften Tatbestände. Sie korrespondieren daher nicht immer mit der Anzahl aller kontrollierten Betriebe. So können z. B. in einem Betrieb mehrere Personen auf ihre fachlichen Kenntnisse (Sachkunde) überprüft werden. Im gleichen Betrieb kann jedoch auf eine Kontrolle zur „Einhaltung der Anwendungsbestimmungen" verzichtet worden sein, da zum Zeitpunkt der Überprüfung keine Pflanzenschutzmaßnahmen durchgeführt wurden.

Insgesamt wurden im Jahr 2012 5.059 Betriebe kontrolliert. Diese Zahl setzt sich aus 1.885 Betriebskontrollen und 3.243 Anwendungskontrollen zusammen. Da bei einigen Betrieben sowohl Betriebskontrollen als auch Anwendungskontrollen durchgeführt wurden, ist die Summe der beiden Kontrollarten höher als die Anzahl der insgesamt kontrollierten Betriebe. Bei den Kontrollen wurden 2.966 Proben von Boden, Pflanzen oder Behandlungsflüssigkeiten entnommen und analysiert.

6.3.3.1 Pflanzenschutzgeräte im Gebrauch

Bei der Anwendung von Pflanzenschutzmitteln dürfen nur Pflanzenschutzgeräte eingesetzt werden, die einer vorgeschriebenen Prüfung unterzogen worden sind. Daher wird bei der Kontrolle des Gerätes zuerst geprüft, ob eine gültige Prüfplakette vorhanden ist. Alternativ kann der Anwender auch mit dem Prüfprotokoll die fristgerechte Prüfung des Gerätes nachweisen. Weiterhin wird durch eine visuelle Überprüfung des äußeren Zustandes des Gerätes festgestellt, ob es offensichtliche Mängel gibt, die eine ordnungsgemäße Applikation des Pflanzenschutzmittels beeinträchtigen, z.B. undichte Behälter- und Drucksysteme, fehlerhafte Manometer, nachtropfende Düsen, defekte oder hängende Spritzgestänge.

In Tabelle 6.14 sind die Ergebnisse der 3.090 Kontrollen aufgeführt. Die Beanstandungsquote lag bei 3,3 % und damit höher als im Vorjahr (2011: 2,8 %). Es wurden Bußgelder bis zu einer Höhe von 500 € erteilt.

Tab. 6.14 Kontrollen der im Gebrauch befindlichen Pflanzenschutzgeräte im Jahr 2012

	Kontrollen (Anzahl)	Beanstandungen (Anzahl, prozentual)
Anzahl kontrollierter Geräte während der Anwendung oder auf dem Hof,	3.090	102 (3,3 %)
davon systematische Kontrollen	2.716	84 (3,1 %)
davon Anlasskontrollen	374	18 (4,8 %)

6.3.3.2 Sachkunde der Anwender

Wer Pflanzenschutzmittel im landwirtschaftlichen, gartenbaulichen oder forstwirtschaftlichen Betrieb oder als Lohnunternehmer anwendet, muss die dafür erforderliche Zuverlässigkeit und die dafür notwendigen fachlichen Kenntnisse und Fertigkeiten haben. Näheres regelt die Pflanzenschutz-Sachkundeverordnung.

Tab. 6.15 Kontrollen zu erforderlichen fachlichen Kenntnissen (Sachkunde) der Pflanzenschutzmittelanwender im Jahr 2012

	Kontrollen (Anzahl)	Beanstandungen (Anzahl, prozentual)
Anzahl kontrollierter Anwender,	3.562	74 (2,1 %)
davon systematische Kontrollen	3.142	57 (1,8 %)
davon Anlasskontrollen	420	17 (4,0 %)

Bei 3.562 Kontrollen wurden in 2,1 % der Fälle Personen ohne die erforderliche Sachkunde im Umgang mit Pflanzenschutzmitteln festgestellt (Tab. 6.15). Im Vorjahr wurden 1,7 % der Anwender beanstandet. Es wurden Bußgelder bis zu einer Höhe von 350 € erteilt.

6.3.3.3 Einhaltung der Anwendungsgebiete

Pflanzenschutzmittel dürfen nur angewendet werden, wenn sie zugelassen sind. Für Mittel, deren Zulassung durch Zeitablauf endet, gibt es eine 18-monatige Aufbrauchfrist. Zudem dürfen Pflanzenschutzmittel nur in den Anwendungsgebieten angewendet werden, die bei der Zulassung vorgesehen oder genehmigt sind, also nur für die ausgewiesenen Kulturen und gegen die bezeichneten Schaderreger (z.B. Anwendung in Winterweizen zur Bekämpfung von zweikeimblättrigen Unkräutern).

In Tabelle 6.16 sind die Ergebnisse aus den bundesweiten Schwerpunktkontrollen zur Anwendung von Pflanzenschutzmitteln im Zierpflanzenbau und in Kernobst (Abschn. 6.3.1 und 6.3.2) enthalten, da diese auch Kontrollen zur Einhaltung von Anwendungsgebieten darstellen. Insgesamt wurden 3.567 Inspektionen durchgeführt. Bei 3.229 systematischen Kontrollen wurden in 96 Fällen (3,0 %) Mängel festgestellt (2011: 2,6 %); bei 338 Anlasskontrollen wurden in 13,3 % aller Fälle Mängel festgestellt. Anlässe für Kontrollen können z.B. das Auffinden bestimmter Pflanzenschutzmittel im Betrieb sein, die nicht zu den angebauten Kulturen passen oder Rückstände in Pflanzen, die in der Lebensmittelüberwachung identifiziert wurden. Es wurden Bußgelder bis zu 850 € verhängt.

Tab. 6.16 Kontrollen zur Einhaltung von Anwendungsgebieten im Jahr 2012

	Kontrollen (Anzahl)	Beanstandungen (Anzahl, prozentual)
Anzahl der kontrollierten Schläge,	3.567	141 (4,0 %)
davon systematische Kontrollen	3.229	96 (3,0 %)
davon Anlasskontrollen	338	45 (13,3 %)

6.3.3.4 Einhaltung der Anwendungsbestimmungen und Bienenschutzbestimmungen

Anwendungsbestimmungen sind Vorschriften, die vom BVL mit der Zulassung eines Mittels erteilt werden, um schädliche Auswirkungen auf die Gesundheit von Mensch und Tier oder auf das Grundwasser oder sonstige unvertretbare Auswirkungen, insbesondere auf den Naturhaushalt, zu verhindern. Zu den Anwendungsbestimmungen gehören beispielsweise Mindestabstände zu Gewässern und Saumbiotopen. Die Bienenschutzverordnung enthält Vorschriften für bienengefährliche Pflanzenschutzmittel. So dürfen mit B1 gekennzeichnete Mittel nicht an blühenden Pflanzen angewendet werden und auch nicht an anderen Pflanzen, die von Bienen beflogen werden. Gezielte Kontrollen erfolgen z. B. in der Zeit der Obst-, Reben- und Rapsblüte. Die Kontrolle der genannten Vorschriften erfolgt über die Entnahme und Analyse von Boden- oder Pflanzenproben. Bei Kontrollen während der Anwendung können des Weiteren Proben von Behandlungsflüssigkeiten genommen werden. Auch Dokumentationsprüfungen sind möglich, wenn es um erteilte bzw. nicht erteilte Einzelfallgenehmigungen nach § 22 Absatz 2 PflSchG geht.

In Tabelle 6.17 sind die Ergebnisse der Kontrollen zur Einhaltung von Anwendungsbestimmungen, behördlichen Anordnungen und zum Bienenschutz aufgeführt. Insgesamt wurden 2.219 Kontrollen durchgeführt, darunter 615 speziell zum Bienenschutz. In 4,1 % aller Kontrollen wurden Verstöße festgestellt. Das Ergebnis liegt damit unter dem Niveau des Vorjahres 2011 (5,4 %).

Tab. 6.17 Kontrollen zur Einhaltung von Anwendungsbestimmungen, behördlichen Anordnungen und zum Bienenschutz im Jahr 2012

	Kontrollen (Anzahl)	Beanstandungen (Anzahl, prozentual)
Anzahl der kontrollierten Schläge,	2.219	91 (4,1 %)
davon systematische Kontrollen	1.967	39 (2,0 %)
davon Anlasskontrollen	252	52 (20,6 %)
darunter Bienenschutzkontrollen	615	9 (1,5 %)

Die Beanstandungsquote bei den 1.967 systematischen Kontrollen betrug 2,0 % und lag damit deutlich unter der des Vorjahres (2011: 4,9 %). Naturgemäß liegen die Beanstandungsquoten bei den Anlasskontrollen höher. Bei 20,6 % der 252 anlassbezogenen Kontrollen, z. B. nach Anzeigen, wurden Verstöße festgestellt. Die Folge waren Bußgelder bis zu 1.000 € .

6.3.3.5 Einhaltung der Anwendungsverbote und Anwendungsbeschränkungen

Die Pflanzenschutz-Anwendungsverordnung enthält Anwendungsverbote und Anwendungsbeschränkungen für Pflanzenschutzmittel, die bestimmte Wirkstoffe enthalten. Nachfolgend sind nur Kontrollen und Beanstandungen für die Anwendung auf landwirtschaftlich, forstwirtschaftlich oder gärtnerisch genutzten Flächen aufgeführt. Kontrollen und Beanstandungen, die sich auf eine Anwendung auf **nicht** landwirtschaftlich, forstwirtschaftlich oder gärtnerisch genutzten Flächen (z. B. Gehwege, Betriebsflächen, Gleise) beziehen, sind im Abschnitt 6.3.4 aufgeführt.

Die Kontrollen erfolgen in der Regel nach der Anwendung von Pflanzenschutzmitteln über die Entnahme und

Analyse von Boden- oder Pflanzenproben. Wird ein Anwender während der Applikation angetroffen, können auch Proben der Behandlungsflüssigkeiten entnommen werden. Die betreffenden Wirkstoffe werden über Multimethoden erfasst. Zusätzlich können gezielte Kontrollen zur Anwendung bestimmter verbotener Wirkstoffe durchgeführt werden. Wie aus Tabelle 6.18 ersichtlich, wurden bei den 2.100 Kontrollen 11 Verstöße (0,5 %) festgestellt (2011: 0,1 %).

Tab. 6.18 Kontrollen zur Einhaltung von Anwendungsverboten und -beschränkungen (nach Pflanzenschutz-Anwendungsverordnung) im Jahr 2012

	Kontrollen (Anzahl)	Beanstandungen (Anzahl, prozentual)
Anzahl der kontrollierten Schläge,	2.100	11 (0,5 %)
davon systematische Kontrollen	1.863	7 (0,4 %)
davon Anlasskontrollen	237	4 (13,3 %)

6.3.3.6 Dokumentation von Pflanzenschutzmittelanwendungen

Die Anwendung von Pflanzenschutzmitteln muss EU-weit nach den gleichen Vorgaben dokumentiert werden. Nach Artikel 67 Absatz 1 Satz 2 der Verordnung (EG) Nr. 1107/2009 sind in der Aufzeichnung die Bezeichnung des Pflanzenschutzmittels, der Zeitpunkt der Anwendung, der Name des Anwenders, die Aufwandmenge, die behandelte Fläche und die Kultur zu vermerken. Das Pflanzenschutzgesetz regelt in § 11 weitere Einzelheiten.

Bei der Kontrolle werden die Unterlagen stichprobenartig auf ihre Plausibilität und Vollständigkeit geprüft. Es wird auch kontrolliert, ob die Aufzeichnungen mindestens für 3 Jahre aufbewahrt werden. Wie in Tabelle 6.19 aufgeführt, wurde in 2.154 Betrieben die Dokumentation überprüft. In 155 Betrieben (7,2 %) fehlten Aufzeichnungen oder waren unvollständig. Im Vorjahr lag die Beanstandungsquote bei 6,7 %. Es wurden Bußgelder bis zu 300 € erteilt.

Tab. 6.19 Kontrollen zur Dokumentation von Pflanzenschutzmittelanwendungen im Jahr 2012

	Kontrollen (Anzahl)	Beanstandungen (Anzahl, prozentual)
Anzahl der kontrollierten Betriebe,	2.154	155 (7,2 %)
davon systematische Kontrollen	1.930	136 (7,0 %)
davon Anlasskontrollen	224	19 (8,5 %)

6.3.3.7 Einhaltung der Beseitigungspflicht für verbotene Pflanzenschutzmittel

Seit dem Jahr 2008 unterliegen bestimmte Pflanzenschutzmittel einer Beseitigungspflicht, um einer versehentlichen Anwendung nach dem Zulassungsende vorzubeugen. Gemäß § 15 PflSchG müssen Pflanzenschutzmittel unverzüglich aus dem Lager entfernt und ordnungsgemäß beseitigt werden, wenn sie Wirkstoffe enthalten, die gemäß Pflanzenschutz-Anwendungsverordnung einem vollständigen Anwendungsverbot unterliegen oder deren Verwendung in Pflanzenschutzmitteln in der gesamten Europäischen Gemeinschaft verboten ist.

Zur Kontrolle eines landwirtschaftlichen Betriebes gehört auch die Überprüfung des Pflanzenschutzmittellagers. Nach der guten fachlichen Praxis im Pflanzenschutz sollen die Mengen und die Dauer der Aufbewahrung von Pflanzenschutzmitteln auf ein notwendiges Minimum begrenzt werden. So wird verhindert, dass Pflanzenschutzmittel überlagern oder abgelaufene Pflanzenschutzmittel zum Einsatz kommen. Bei der Kontrolle wird darauf geachtet, dass Pflanzenschutzmittel getrennt von Lebensmitteln und Futtermitteln gelagert werden, nicht zugelassene Pflanzenschutzmittel deutlich gekennzeichnet sind und separat aufbewahrt werden und keine Pflanzenschutzmittel gelagert werden, deren Beseitigung nach dem Pflanzenschutzgesetz vorgeschrieben ist.

In 127 von 1.479 Betrieben (8,6 %) wurden Pflanzenschutzmittel vorgefunden, die der Beseitigungspflicht unterliegen (Tab. 6.20). In diesen Fällen wurde eine Beseitigung angeordnet. Die Beseitigung war gegenüber den Pflanzenschutzdiensten durch Belege nachzuweisen. Im Vorjahr wurden 5,9 % der kontrollierten Betriebe beanstandet.

Tab. 6.20 Kontrollen bei Anwendern zur Einhaltung der Beseitigungspflicht von verbotenen Pflanzenschutzmitteln im Jahr 2012

	Kontrollen (Anzahl)	Beanstandungen (Anzahl, prozentual)
Anzahl der kontrollierten Betriebe,	1.479	127 (8,6 %)
davon systematische Kontrollen	1.331	118 (8,9 %)
davon Anlasskontrollen	148	9 (6,1 %)

6.3.3.8 Anzeigepflicht von gewerblichen Pflanzenschutzmittelanwendern und Pflanzenschutzmittelberatern

Gemäß § 10 PflSchG unterliegen Gewerbetreibende, die für Dritte Pflanzenschutzmittel anwenden (z. B. Lohnunternehmen) oder die andere über deren Anwendung beraten, einer Anzeigepflicht bei den zuständigen Pflanzenschutzdiensten. Anhand von Listen der gemeldeten Betriebe wird überprüft, ob das Anzeigeverfahren durchgeführt wurde. Für die Kontrollen können auch Nachfragen bei Gewerbeaufsichtsämtern und Handelskammern oder Recherchen im Branchenbuch stattfinden.

Bei der Kontrolle von landwirtschaftlichen Betrieben wurde unter anderem überprüft, ob Pflanzenschutzmittel

Tab. 6.21 Kontrollen zur Einhaltung der Anzeigepflicht gemäß § 10 PflSchG (z. B. Lohnunternehmen, Unternehmen des Garten- und Landschaftsbaus) im Jahr 2012

	Kontrollen (Anzahl)	Beanstandungen (Anzahl, prozentual)
Anzahl Kontrollen	943	43 (4,6 %)

für oder von Nachbarn oder Dritten ausgebracht werden. Die in Tabelle 6.21 genannte Anzahl von Kontrollen (943 Betriebe) berücksichtigt nur Betriebe, die tatsächlich Pflanzenschutzmaßnahmen in Dienstleistung für Dritte vornahmen.

Bei den 943 Kontrollen ergaben sich 43 Beanstandungen, das entspricht einer Quote von 4,6 % (2011: 5,4 %). Es wurden Bußgelder bis zu 70 € verhängt. Ein Teil der Beanstandungen ist auch darauf zurückzuführen, dass sich aus gelegentlicher (nicht meldepflichtiger) Nachbarschaftshilfe zwischen Landwirten bzw. landwirtschaftlichen Betrieben eine regelmäßige und damit anzeigepflichtige Dienstleistung entwickelt hatte. Vielen Betriebsleitern war nicht bekannt, dass diese Dienstleistung einer Anzeigepflicht gemäß Pflanzenschutzgesetz unterliegt.

6.3.4 Anwendungskontrollen auf befestigten Freilandflächen und sonstigen Freilandflächen, die weder landwirtschaftlich noch forstwirtschaftlich oder gärtnerisch genutzt werden

Die Anwendung von Pflanzenschutzmitteln auf befestigten Freilandflächen und auf Freilandflächen, die weder landwirtschaftlich noch forstwirtschaftlich oder gärtnerisch genutzt werden, ist nach § 12 Absatz 2 PflSchG nur mit einer Genehmigung der zuständigen Behörde erlaubt. Zu diesen Freiflächen zählen z. B. Gleisanlagen, Straßen, Auffahrten, Wegränder, Hof- und Betriebsflächen. Die genaue Auslegung, welche Flächen nicht unter den Begriff „gärtnerische Nutzung" fallen, kann in den einzelnen Ländern unterschiedlich sein.

Durch die Anwendung von Pflanzenschutzmitteln auf befestigten Flächen kann es nach Niederschlägen zu einem direkten Eintrag dieser Stoffe in Oberflächengewässer oder in die Kanalisation kommen, da das Regenwasser oberflächlich ablaufen kann. Es wird vermutet, dass Funde von Pflanzenschutzmittel-Wirkstoffen in Oberflächengewässern zu einem erheblichen Teil aus illegalen Anwendungen auf den genannten Freilandflächen resultieren. Deshalb bildet dieser Bereich einen besonderen Schwerpunkt im Pflanzenschutz-Kontrollprogramm.

Insgesamt wurden im Jahr 2012 1.252 Betriebe bzw. Flächen kontrolliert und 493 Personen überprüft.

6.3.4.1 Anwendung von Pflanzenschutzmitteln auf befestigten Freilandflächen und sonstigen Freilandflächen, die weder landwirtschaftlich noch forstwirtschaftlich oder gärtnerisch genutzt werden

Kontrolliert werden zum einen Flächen, für die eine Ausnahmegenehmigung nach § 12 Absatz 2 PflSchG beantragt worden ist. Im Falle einer Ablehnung wird überprüft, ob die Anwendung unterblieben ist. Im Falle einer Genehmigung wird kontrolliert, ob das eingesetzte Mittel und die behandelte Fläche der Genehmigung entsprechen und die Anwendungsbestimmungen und Auflagen eingehalten wurden. Zum anderen werden auch Kontrollen auf Flächen durchgeführt, für die keine Genehmigungen beantragt wurden. In diesem Kontrollbereich finden aufgrund von Anzeigen viele Anlasskontrollen statt. Zur Überprüfung wird der Eigentümer befragt; in einigen Fällen werden zusätzlich Boden- oder Pflanzenproben für eine Laboranalyse entnommen.

In Tabelle 6.22 sind die Ergebnisse der Kontrollen aufgeführt. 273 Kontrollen erfolgten nach Erteilung oder Ablehnung einer Ausnahmegenehmigung. Bei 26 Kontrollen wurden Verstöße festgestellt. Die Beanstandungsquote von 9,5 % liegt deutlich über den Ergebnissen aus dem Jahr 2011 (6,1 %). Die Anwendung von Pflanzenschutzmitteln auf abgelehnten Flächen bzw. die Nichteinhaltung von Auflagen bei erteilten Ausnahmegenehmigungen führte zu Bußgeldern bis zu 350 €.

Weiterhin wurden 1.187 Flächen kontrolliert, für die keine Genehmigungen beantragt waren, und in 43,2 % der Fälle Verstöße festgestellt. Da es sich hierbei überwiegend um Anlasskontrollen handelt, ist ein direkter Vergleich mit den Kontrollergebnissen aus dem Jahr 2011 (Beanstandungsquote 33,8 %) wenig aussagekräftig. Für

die Anwendung von Pflanzenschutzmitteln auf nicht beantragten Flächen wurden Bußgelder bis zu 4.000 € erteilt. Anlässe für Kontrollen waren zum Beispiel Nachbarschaftsstreitigkeiten, Hinweise von Anwohnern oder Feststellungen der zuständigen Behörden.

Beanstandet wurden z. B. Privatpersonen, die befestigte Flächen (z. B. Auffahrten) mit Pflanzenschutzmitteln behandelt hatten, sowie Kommunen oder gewerbliche Betriebe, die ohne Genehmigung Pflanzenschutzmittel angewendet hatten. Auf Hof- und Betriebsflächen von landwirtschaftlichen Betrieben wurden selten unerlaubte Anwendungen nachgewiesen. Weitere Beanstandungen betrafen die Anwendung von Pflanzenschutzmitteln unmittelbar am Böschungsrand von Gewässern oder auf Feldrainen sowie die Fehlanwendung auf Feldwegen bei der Behandlung landwirtschaftlicher Flächen.

Aus den Kontrollzahlen lassen sich keine Rückschlüsse auf den tatsächlichen Umfang von Fehlanwendungen ziehen; denn bei beiden in Tabelle 6.22 aufgeführten Kategorien handelt es sich um gezielte Kontrollen und nicht um repräsentative Kontrollen nach dem Zufallsprinzip. Dennoch zeigen die Ergebnisse, dass bezüglich der Vorschriften, die für die Anwendung von Pflanzenschutzmitteln auf nicht landwirtschaftlich, forstwirtschaftlich oder gärtnerisch genutzten Freiflächen gelten, offensichtlich Informationsdefizite bestehen. Gerade beim Einsatz im privaten Bereich scheinen sich alte Gewohnheiten im Umgang mit Pflanzenschutzmitteln nur sehr langsam zu ändern.

6.3.4.2 Pflanzenschutzgeräte im Gebrauch

Die Anwendung von Pflanzenschutzmitteln auf nicht landwirtschaftlich, forstwirtschaftlich oder gärtnerisch genutzten Freilandflächen erfolgt häufig mittels tragbarer Geräte, die keiner Prüfpflicht unterliegen. Andere Geräte, wie beispielsweise Walzenstreichgeräte, unterliegen einer Kontrollpflicht durch anerkannte Prüfwerkstätten. In Tabelle 6.23 sind die Ergebnisse der 233 Kontrollen aufgeführt. Die Beanstandungsquote lag bei 2,1 % (2011: 1,1 %).

Tab. 6.22 Kontrollen zur Anwendung von Pflanzenschutzmitteln auf befestigten Freilandflächen und Freilandflächen, die weder landwirtschaftlich noch forstwirtschaftlich oder gärtnerisch genutzt werden, einschließlich der Kontrolle von erteilten Ausnahmegenehmigungen im Jahr 2012

	Kontrollen (Anzahl)	Beanstandungen (Anzahl, prozentual)
Einhaltung erteilter/abgelehnter Ausnahmegenehmigungen		
Anzahl kontrollierter Ausnahmegenehmigungen (einschließlich Probenahme)	273	26 (9,5 %)
Kontrollen auf nicht beantragten Flächen (z. B. nach Anzeigen oder bei Verdacht auf Pflanzenschutzmittelanwendung)		
Anzahl kontrollierter Flächen	1.187	513 (43,2 %)

Tab. 6.23 Kontrollen der im Gebrauch befindlichen Pflanzenschutzgeräte bei der Anwendung von Pflanzenschutzmitteln auf nicht landwirtschaftlich, forstwirtschaftlich oder gärtnerisch genutzten Freilandflächen im Jahr 2012

	Kontrollen (Anzahl)	Beanstandungen (Anzahl, prozentual)
Anzahl kontrollierter Geräte während der Anwendung oder im Betrieb,	233	5 (2,1 %)
davon systematische Kontrollen	157	5 (3,2 %)
davon Anlasskontrollen	66	0 (–)

6.3.4.3   Sachkunde des Anwenders

Die Regelungen zur Sachkunde des Anwenders, wie sie in Abschnitt 6.3.3.2 beschrieben sind, gelten auch für gewerbliche Anwendungen für Dritte und werden im Rahmen der Erteilung von Nichtkulturland-Ausnahmegenehmigungen gemäß § 12 Absatz 2 PflSchG berücksichtigt.

Bei der Überprüfung von 1.344 Anwendern wurden 41 Personen (3,1 %) ohne die erforderliche Sachkunde festgestellt (Tab. 6.24). Die Beanstandungsquote liegt deutlich über der des Vorjahres (2011: 1,7 %). Es wurden Bußgelder bis zu einer Höhe von 200 € erteilt.

Tab. 6.24 Kontrollen zu erforderlichen fachlichen Kenntnissen (Sachkunde) der Pflanzenschutzmittelanwender bei der Anwendung von Pflanzenschutzmitteln auf nicht landwirtschaftlich, forstwirtschaftlich oder gärtnerisch genutzten Freilandflächen im Jahr 2012

	Kontrollen (Anzahl)	Beanstandungen (Anzahl, prozentual)
Anzahl kontrollierter Anwender,	1.344	41 (3,1 %)
davon systematische Kontrollen	1.137	10 (0,9 %)
davon Anlasskontrollen	207	31 (15,0 %)

6.3.4.4   Dokumentation von Pflanzenschutzmittelanwendungen

Die Pflicht zur Dokumentation von Pflanzenschutzmittelanwendungen, die sich aus Artikel 67 Absatz 1 Satz 2 der Verordnung (EG) Nr. 1107/2009 ergibt, gilt für berufliche Anwender auch im Hinblick auf Nichtkulturlandflächen. Es müssen mindestens die Bezeichnung des Pflanzenschutzmittels, der Zeitpunkt der Anwendung, der Anwender, die Aufwandmenge und die behandelte Fläche aufgezeichnet werden. Bei Privatpersonen ist die Dokumentationspflicht nicht generell gegeben, sondern hängt davon ab, ob im Genehmigungsbescheid nach § 12 Absatz 2 PflSchG die Dokumentation als Auflage festgeschrieben wurde.

Tab. 6.25 Kontrollen zur Dokumentation von Pflanzenschutzmittelanwendungen im Jahr 2012

	Kontrollen (Anzahl)	Beanstandungen (Anzahl, prozentual)
Anzahl kontrollierter Anwendungen,	331	40 (12,1 %)
davon systematische Kontrollen	290	32 (11,0 %)
davon Anlasskontrollen	41	8 (19,5 %)

Bei der Kontrolle werden die Unterlagen stichprobenartig auf ihre Plausibilität und Vollständigkeit geprüft. Es wird auch kontrolliert, ob die Aufzeichnungen mindestens für 3 Jahre aufbewahrt werden. In 40 von 331 kontrollierten Betrieben (12,1 %) fehlten Aufzeichnungen oder waren unvollständig (Tab. 6.25). Im Vorjahr lag die Beanstandungsquote etwas niedriger (11 %). Es wurden Bußgelder bis zu einer Höhe von 110 € erteilt.

6.3.4.5   Anzeigepflicht von gewerblichen Pflanzenschutzmittelanwendern und Pflanzenschutzmittelberatern

Die Anwendung von Pflanzenschutzmitteln auf nicht landwirtschaftlich, forstwirtschaftlich oder gärtnerisch genutzten Freilandflächen kann auch durch Dienstleister erfolgen; dies betrifft z. B. Gleisanlagen oder städtische und gewerbliche Flächen. Im Siedlungsbereich gehören dazu auch Hausmeisterdienste. Gemäß § 10 PflSchG unterliegen Gewerbetreibende, die für Dritte Pflanzenschutzmittel anwenden oder andere über die Anwendung beraten, einer Anzeigepflicht bei den zuständigen Pflanzenschutzdiensten.

In Tabelle 6.26 sind die Ergebnisse dargestellt. Bei 235 Kontrollen ergaben sich 37 Verstöße, das entspricht einer Beanstandungsquote von 15,7 % (2011: 6,6 %). Es wurden Bußgelder bis zu einer Höhe von 150 € erteilt.

Tab. 6.26 Kontrollen zur Einhaltung der Anzeigepflicht gemäß § 10 PflSchG (Dienstleister) bei der Anwendung von Pflanzenschutzmitteln auf nicht landwirtschaftlich, forstwirtschaftlich oder gärtnerisch genutzten Freilandflächen im Jahr 2012

	Kontrollen (Anzahl)	Beanstandungen (Anzahl, prozentual)
Anzahl Kontrollen	235	37 (15,7 %)

6.4 Einhaltung der Vorschriften der Verordnung über das Inverkehrbringen und die Aussaat von mit bestimmten Pflanzenschutzmitteln behandeltem Maissaatgut (MaisPflSchMV)

Aufgrund eines massiven Bienensterbens in einigen Regionen Süddeutschlands im Frühjahr 2008, das durch die Aussaat von mit dem Wirkstoff Clothianidin behandeltem Maissaatgut verursacht worden war, wurden im Jahr 2008 strenge Verbote und Beschränkungen für die Verwendung von Beizmitteln für Mais eingeführt. Damals wurden etwa 11.500 Bienenvölker von ca. 700 Imkern teilweise erheblich geschädigt. Das Clothianidin stammte von behandeltem Maissaatgut, bei dem der Wirkstoff nicht ausreichend an den Körnern haftete, so dass es wegen dieser geminderten Beizqualität zu einem starken Abrieb kam.

Bei der Aussaat mit pneumatischen Sägeräten mit Saugluftsystemen, die aufgrund ihrer Konstruktion den Abriebstaub in die Luft abgeben, konnte der Abriebstaub auf blühende Pflanzen gelangen.

In der Folge ordnete das BVL im Mai 2008 das Ruhen der Zulassung für Mittel zur Behandlung von Maissaatgut an, die Methiocarb oder die Neonicotinoide Clothianidin, Imidacloprid und Thiamethoxam enthalten. Das Bundesministerium für Ernährung, Landwirtschaft und Verbraucherschutz (BMELV) erließ im Mai 2008 darüber hinaus eine Verordnung für vorerst 6 Monate, über die die Aussaat von Maissaatgut mit bestimmten Geräten verboten wurde.

Mit der Verordnung über das Inverkehrbringen und die Aussaat von mit bestimmten Pflanzenschutzmitteln behandeltem Saatgut vom 11. Februar 2009 (MaisPflSchMV), die durch die Verordnung vom 29. Juli 2009 geändert und deren Geltung über den 12. August 2009 hinaus verlängert worden ist, wurde ein vollständiges Verbot der Einfuhr und des Inverkehrbringens sowie der Aussaat von Maissaatgut verfügt, welches mit Clothianidin, Imidacloprid und Thiamethoxam behandelt wurde. Methiocarb ist zur Behandlung von Maissaatgut wieder zulässig; es gelten aber strenge Vorgaben zur Beizqualität und zur Aussaattechnik. Des Weiteren müssen die Bestimmungen der Verordnung (EG) Nr. 1107/2009 über die Kennzeichnung von Saatgut eingehalten werden: Auf dem Etikett und in den Begleitdokumenten des behandelten Saatguts müssen die Bezeichnung des Pflanzenschutzmittels, mit dem das Saatgut behandelt wurde, und die Bezeichnung(en) des Wirkstoffs/der Wirkstoffe in dem betreffenden Produkt angegeben sein.

Seit dem Jahr 2009 wird die Beachtung der Vorschriften der Mais-Pflanzenschutzmittelverordnung und der Verordnung (EG) Nr. 1107/2009 in Betrieben des Saatguthandels, in Beizbetrieben und Maisanbaubetrieben intensiv überwacht. Es wurden nur wenige Beanstandungen festgestellt. Neben den Kontrollen haben die Pflanzenschutzdienste der Länder, das Julius Kühn-Institut (als zuständige Behörde für die Prüfung von Pflanzenschutzmitteln im Prüfbereich Wirksamkeit/Nachhaltigkeit einschl. Honigbienen) und das Bundesamt für Verbraucherschutz und Lebensmittelsicherheit (als Zulassungsbehörde für Pflanzenschutzmittel) mit dem Bund Deutscher Pflanzenzüchter e. V., den Herstellern von Maissägeräten und Beizstellen eng zusammengearbeitet, um die Einhaltung der Vorgaben der MaisPflSchMV sicherzustellen. Hierzu gehört z. B. die Einführung eines Qualitätssicherungssystems (QSS). Dabei handelt es sich um ein System mit Vorgaben zu der technischen Ausgestaltung der jeweiligen Beizanlage, zu den Beizprozessen, zur Regelung der Zuständigkeiten in der jeweiligen Beizstelle, zur automatischen Probenahme mit Rückstellproben, zur Sachkunde des eingesetzten Personals, zur Behandlung fehlerhafter Chargen, zur regelmäßigen Kalibrierung der Mess- und Dosiereinrichtungen, zur Ausbildung des Personals, zur Kennzeichnung der Saatgutverpackungen und zur Dokumentation. Betriebe, die die Vorgaben, die anhand einer Checkliste überprüft werden, einhalten, werden vom JKI in die Liste der Saatgutbehandlungseinrichtungen mit QSS zur Staubminderung eingetragen.

Kontrolliert wurden 2 Beizbetriebe, 89 Saatguthandelsbetriebe bzw. Saatgutimporte während der Einfuhr und 360 Maisanbaubetriebe.

Die Ergebnisse der Kontrollen der Beizbetriebe und des Saatguthandels sind in Tabelle 6.27 dargestellt.

Tab. 6.27 Kontrollen zur Einhaltung der Mais-Pflanzenschutzmittelverordnung in Beizstellen und in Betrieben des Saatguthandels bzw. Einfuhrkontrollen im Jahr 2012

	Beizstellen		Handelsbetriebe[a]	
	Kontrollen (Anzahl)	Beanstandungen (Anzahl, prozentual)	Kontrollen (Anzahl)	Beanstandungen (Anzahl, prozentual)
Gesamt (Betriebe),	2	0	89	7 (7,9 %)
davon Saatgutanalysen	44	0	165	7 (4,2 %)
Staubabriebprüfung	44	0	0	–

[a] einschließlich Einfuhrkontrollen

Tab. 6.28   Kontrollen zur Einhaltung der Mais-Pflanzenschutzmittelverordnung in Maisanbaubetrieben im Jahr 2012

	Maisanbaubetriebe	
	Kontrollen (Anzahl)	Beanstandungen (Anzahl, prozentual)
Gesamt (Betriebe)	360	32 (8,9 %)
Zulässigkeit der Wirkstoffe im ausgesäten Saatgut,		
davon Saatgutanalysen,	278	31 (11,2 %)
davon Beanstandungen in anwendungsrelevanter Konzentration		5 (1,8 %)
davon Beanstandungen in Anhaftungskonzentration		26 (9,4 %)
Verwendung zulässiger Sägeräte für die Aussaat von mit Methiocarb gebeiztem Saatgut	312	1 (0,3 %)

In den 2 kontrollierten Beizbetrieben wurde unter anderem überprüft, ob die verwendeten Beizmittel zulässig waren und die Beizgeräte den Vorschriften entsprachen. Bei 44 Saatgutchargen, die mit Methiocarb gebeizt wurden, wurde überprüft, ob der Grenzwert für den Staubabrieb von maximal 0,75 Gramm je 100.000 Korn eingehalten wurde. Es wurden keine Mängel festgestellt.

Bei 89 Kontrollen in Saatguthandelsbetrieben bzw. bei der Einfuhr von Saatgut wurden insgesamt 165 Saatgutchargen chemisch analysiert. Bei insgesamt 6 Proben wurden geringe Anhaftungskonzentrationen von Clothianidin, Imidacloprid oder Thiamethoxam gefunden. Die geringen Anhaftungskonzentrationen deuten auf Verunreinigungen hin. Bei einer weiteren Probe wurde eine Konzentrationen nachgewiesen, die auf eine unzulässige Beizung hinweist.

Tabelle 6.28 zeigt die Ergebnisse aus den Maisanbaubetrieben. Die Kontrollen erfolgten anhand von Saatgutlieferbelegen und durch chemische Analysen. Insgesamt wurden 31 Proben beanstandet. In 5 von 31 aufgrund von chemischen Analysen beanstandeten Proben wurden die vollständig verbotenen Wirkstoffe in anwendungsrelevanten Konzentrationen vorgefunden, während 26 Proben lediglich geringe Anhaftungskonzentrationen aufwiesen. Insgesamt wurden in rund 11 % der kontrollierten Saatgutproben die Vorgaben der MaisPflSchMV nicht eingehalten (2011: 10 %).

In 312 Kontrollen im Rahmen von Feld- und Betriebsüberwachungen wurde geprüft, ob die Vorschriften aus § 3 Absatz 3 der Verordnung beachtet wurden, wonach mit Methiocarb behandeltes Saatgut mit pneumatischen Geräten zur Einzelkornablage nur unter der Voraussetzung ausgesät werden darf, dass das verwendete Gerät mit einer Vorrichtung ausgestattet ist, die die erzeugte Abluft auf oder in den Boden leitet und dadurch eine Abdriftminderung von Stäuben von mindestens 90 % erreicht. Auf einem Betrieb (0,3 %) wurde ein nicht zulässiges Sägerät vorgefunden (2011: 1,0 %).

Aufgrund der risikoorientierten Auswahl von Betrieben können keine Aussagen über einen möglichen Trend gegenüber dem Vorjahr gemacht werden. Insgesamt zeigen die Überwachungsdaten, dass die Mais-Pflanzenschutzmittelverordnung von den betroffenen Wirtschaftskreisen weitgehend beachtet wurde. Die Nachweise von unerlaubten Anhaftungen in Maissaatgut zeigen jedoch, dass weiterhin an einer Reduzierung dieser Anhaftungen gearbeitet werden muss.

Hintergrund: Beurteilung von Analyseergebnissen bei der Überwachung der MaisPflSchMV

Für die Saatgutkontrollen muss definiert werden, bei welchen gemessenen Konzentrationen der Wirkstoffe Clothianidin, Imidacloprid oder Thiamethoxam im Saatgut von einer Beizung ausgegangen werden muss bzw. wann nicht tolerierbare Anhaftungen vorliegen. Aufgrund der Untersuchungen des Julius Kühn-Instituts, der Ergebnisse aus Kontrollen und der Analyse möglicher Kontaminationspfade haben sich die Mitglieder der Arbeitsgemeinschaft Pflanzenschutzmittelkontrolle (AG PMK) darauf verständigt, die in nachfolgend genannten Richtwerte, bezogen auf die ehemals zugelassene Aufwandmenge, bei der Beurteilung von Analysenergebnissen im Pflanzenschutz-Kontrollprogramm zu verwenden:

- Bei Konzentrationen $\geq$ 10 % wird von einer Behandlung/Verschneidung (vorsätzliche Anwendung) ausgegangen,
- bei Konzentrationen von 1 % bis 10 % liegt eine durch Fahrlässigkeit verursachte Anhaftung vor,
- bei Konzentrationen von 0,25 bis 1 % findet eine Anhörung mit Ursachenanalyse statt, um zukünftige Verunreinigungen zu vermeiden,
- bei Konzentrationen < 0,25 % (Nachweisgrenze) werden keine speziellen Maßnahmen ergriffen.

6.5 Kontrolle von Pflanzenschutzgeräten

6.5.1 Inverkehrbringen von Pflanzenschutzgeräten

Hersteller, Vertriebsunternehmen oder diejenigen, die Pflanzenschutzgeräte erstmalig zu gewerblichen Zwecken einführen wollen, werden daraufhin kontrolliert, ob die Geräte den gesetzlichen Anforderungen entsprechen. Nach § 16 Absatz 1 PflSchG müssen Pflanzenschutzgeräte so beschaffen sein, dass ihre Verwendung beim Ausbringen von Pflanzenschutzmitteln keine schädlichen Auswirkungen auf die Gesundheit von Mensch und Tier, auf das Grundwasser oder auf den Naturhaushalt hat, die nach dem Stande der Technik vermeidbar sind. Bei den Kontrollen wird geprüft, ob nur Geräte importiert und verkauft werden, die mit einer CE-Kennzeichnung versehen sind. Die Kontrolldurchführung erfolgt insbesondere auf Ausstellungen und Messen, da es speziell um Anforderungen beim erstmaligen Inverkehrbringen von Pflanzenschutzgeräten geht.

In 71 Fällen wurden Kontrollen zum Inverkehrbringen von Pflanzenschutzgeräten durchgeführt und keine Mängel festgestellt (Tab. 6.29).

Tab. 6.29 Kontrollen zum Inverkehrbringen und der Einfuhr von Pflanzenschutzgeräten im Jahr 2012

	Kontrollen (Anzahl)	Beanstandungen (Anzahl, prozentual)
Anzahl kontrollierter Betriebe,	71	0 (–)
davon systematische Kontrollen	69	0 (–)
davon Anlasskontrollen	2	0 (–)

6.5.2 Überprüfung von im Gebrauch befindlichen Pflanzenschutzgeräten

Die Funktionstüchtigkeit von Pflanzenschutzgeräten wird in den Ländern von amtlich anerkannten oder amtlichen Kontrollstellen überprüft. Diese Überprüfung muss alle 4 Kalenderhalbjahre wiederholt werden; die erfolgreiche Prüfung wird durch eine Plakette und einen Kontrollbericht dokumentiert. Die Ergebnisse werden im Julius Kühn-Institut (Institut für Anwendungstechnik im Pflanzenschutz) gesammelt und sind in diesem Jahresbericht aufgeführt, da sie die Anwendung von Pflanzenschutzmitteln betreffen. Die Überprüfungen im Jahr 2012 geben Auskunft über die Größenordnung

Tab. 6.30 Geräteüberprüfungen in amtlich anerkannten oder amtlichen Kontrollstellen (Anzahl gemäß vorliegender Prüfprotokolle) im Jahr 2012 (Quelle: Julius Kühn-Institut, Institut für Anwendungstechnik, Braunschweig)

	Überprüfungen (Anzahl)	nicht erteilte Plakette (prozentual)
Anzahl überprüfter Geräte,	95.769	
davon geprüfte Feldspritzgeräte	73.882	0,3 %
davon geprüfte Spritz- und Sprühgeräte für Raumkulturen	21.887	0,1 %

der in Verwendung befindlichen Geräte (Tab. 6.30): Die im Jahr 2012 geprüften 73.882 Spritzgeräte für Flächenkulturen stellen einen Anteil von rund 58,8 % des Gesamtbestandes dar; die im Jahr 2012 geprüften 21.887 Sprühgeräte für Raumkulturen, wie Obst, Wein oder Hopfen, nehmen einen Anteil von rund 51,8 % des Gesamtbestandes ein. Tabelle 6.30 zeigt, dass nach der Überprüfung 99,7 % der Feldspritzgeräte und 99,9 % der Spritz- und Sprühgeräte für Raumkulturen eine Prüfplakette erteilt wurde. Kleinere festgestellte Mängel wurden vor der Plakettenerteilung beseitigt. Die meisten Mängel treten an folgenden Geräteteilen auf:

- bei Spritz- und Sprühgeräten für Flächenkulturen an Leitungssystemen, Spritzgestängen, Düsen sowie an der Querverteilung,
- bei Sprühgeräten für Raumkulturen an Leitungssystemen, Manometern, Behältern und Filtern.

Nähere Informationen über die Gerätekontrolle sind im Internet auf der Seite des Julius Kühn-Instituts erhältlich unter: http://www.jki.bund.de, Suche unter den Stichworten: Anzahl kontrollierter Feldspritzgeräte 2012.

6.5.3 Überprüfung der Kontrollstellen

Die Kontrollstellen, die die Geräteprüfungen durchführen, werden durch die Pflanzenschutzdienste regelmäßig überwacht. Im Jahr 2012 wurden 359 Inspektionen in den Kontrollstellen durchgeführt und in 18 Fällen (5,0 %) Verstöße festgestellt (2011: 8,3 %). Es wurde z. B. bemängelt, dass die Geräteprüfung in den Kontrollstellen teilweise nicht gemäß den Vorgaben der Richtlinie für die Prüfung von Pflanzenschutzmitteln und Pflanzenschutzgeräten Teil VII der Biologischen Bundesanstalt für Land- und Forstwirtschaft durchgeführt wird.

Anlasskontrollen Anlasskontrollen dienen zur Aufklärung von offensichtlichen oder vermuteten Verstößen gegen das Pflanzenschutzrecht, die durch Anzeigen, Verdachtsmomente oder Auffälligkeiten bekannt werden.

Anwendungsbestimmungen Vom Bundesamt für Verbraucherschutz und Lebensmittelsicherheit mit der Zulassung festgesetzte Vorschriften zum Schutz der Gesundheit von Mensch und Tier und zum Schutz vor sonstigen schädlichen Auswirkungen, insbesondere auf den Naturhaushalt.

Anwendungsgebiet Der Zweck, für den die Anwendung des Pflanzenschutzmittels zugelassen bzw. genehmigt ist; in der Regel die Kombination aus der Kulturpflanze oder dem Pflanzenerzeugnis und dem Schadorganismus, gegen den die Pflanze/das Pflanzenerzeugnis geschützt wird.

Beistoffe Beistoffe oder Formulierungshilfsstoffe sind Stoffe oder Zubereitungen, die neben den technischen Wirkstoffen im Pflanzenschutzmittel enthalten sind und dem Produkt die für die Anwendung erforderlichen Eigenschaften verleihen. Der Einsatz von Beistoffen stellt die erforderliche Verteilung der Wirkstoffe in der Spritzlösung, die Lagerstabilität, die Handhabung und die Ausbringung des Pflanzenschutzmittels sicher und sorgt für die Sicherheit des Anwenders. Beistoffe können aus mehreren Komponenten (Beistoffsubstanzen) bestehen. Beispiele für Beistoffe: Lösemittel, Emulgatoren, Haftmittel, Stabilisatoren, Schaumverminderer.

Freilandflächen, die nicht landwirtschaftlich, forstwirtschaftlich oder gärtnerisch genutzt werden Zu solchen Freilandflächen zählen z. B.:
- an Kulturflächen angrenzende Feldraine, Böschungen, nicht bewirtschaftete Flächen und Wege einschließlich der Wegränder,

- Verkehrsflächen jeglicher Art wie Gleisanlagen, Straßen-, Wege-, Hof- und Betriebsflächen sowie sonstige durch Tiefbau veränderte Areale.

Gute fachliche Praxis Nach dem PflSchG ist bei der Anwendung von Pflanzenschutzmitteln nach guter fachlicher Praxis zu verfahren. Die aktuelle Fassung der Grundsätze zur Durchführung der guten fachlichen Praxis im Pflanzenschutz wurde im Bundesanzeiger Nr. 76a vom 21. Mai 2010 bekannt gemacht.

Inverkehrbringen Das Bereithalten und Anbieten zum Verkauf, jede andere Form der Weitergabe, egal ob entgeltlich oder unentgeltlich, sowie Verkauf, Vertrieb und andere Formen der Weitergabe selbst; auch die Überführung in den freien Verkehr des Gebiets der EU.

Kontrollschwerpunkt Die Schwerpunkte im Pflanzenschutz-Kontrollprogramm werden jährlich neu festgelegt, um auf aktuelle Entwicklungen reagieren zu können. Folgende Informationen und Kriterien finden dabei Berücksichtigung:
- Hinweise über den Einsatz von Pflanzenschutzmitteln in nicht zugelassenen oder genehmigten Anwendungsgebieten aufgrund von Rückstandsfunden der Lebensmittelüberwachung,
- Hinweise über Verstöße aus den Kontrollen der Vorjahre,
- Kulturen mit intensivem Pflanzenschutzmitteleinsatz,
- Änderung der Zulassungssituation (Widerruf von Zulassungen),
- Grundwassermonitoring der Länder.

Parallelhandel Aufgrund des unterschiedlichen Preisniveaus werden Pflanzenschutzmittel von Anwendern oder Handelsunternehmen häufig aus anderen Mitgliedstaaten der EU nach Deutschland importiert. Dies ist wegen der Freiheit des Warenverkehrs grundsätzlich möglich.

Berichte zu Pflanzenschutzmitteln 2012, DOI 10.1007/978-3-319-02775-3_7,
© Bundesamt für Verbraucherschutz und Lebensmittelsicherheit (BVL) 2013

Solche Parallelhandelsmittel bedürfen keiner eigenen Zulassung, wenn sie in der Zusammensetzung mit einem in Deutschland zugelassenen Pflanzenschutzmittel übereinstimmen. Händler, die mit solchen Mitteln handeln möchten, und Anwender, die sie für den Eigengebrauch importieren möchten, benötigen aber vom BVL eine Genehmigung für den Parallelhandel (bis zum 13. Juni 2011 als Verkehrsfähigkeitsbescheinigung bezeichnet). Nachgeahmte Produkte, oft als Generika bezeichnet, die keine Zulassung in einem Mitgliedstaat der Europäischen Union besitzen, sind keine Parallelimporte und dürfen ohne Zulassung nicht vermarktet werden.

Pflanzenschutzgeräte Geräte und Einrichtungen, die zum Ausbringen von Pflanzenschutzmitteln bestimmt sind, z. B. Traktor-Anbau-, -Aufbau- und -Anhängegeräte sowie selbst fahrende Geräte, Karrenspritzen, tragbare Spritzen und Rückenspritzen.

Pflanzenschutzmittel Die Verordnung (EG) Nr. 1107/2009 definiert in Artikel 2(1) Pflanzenschutzmittel als Produkte, die für einen der folgenden Verwendungszwecke bestimmt sind:

- Pflanzen oder Pflanzenerzeugnisse vor Schadorganismen zu schützen oder deren Einwirkung vorzubeugen, soweit es nicht als Hauptzweck dieser Produkte erachtet wird, eher hygienischen Zwecken als dem Schutz von Pflanzen oder Pflanzenerzeugnissen zu dienen;
- in einer anderen Weise als Nährstoffe die Lebensvorgänge von Pflanzen zu beeinflussen (z. B. Wachstumsregler);
- Pflanzenerzeugnisse zu konservieren, soweit diese Stoffe oder Produkte nicht besonderen Gemeinschaftsvorschriften über konservierende Stoffe unterliegen;
- unerwünschte Pflanzen oder Pflanzenteile zu vernichten, mit Ausnahme von Algen, es sei denn, die Produkte werden auf dem Boden oder im Wasser zum Schutz von Pflanzen ausgebracht;
- ein unerwünschtes Wachstum von Pflanzen zu hemmen oder einem solchen Wachstum vorzubeugen, mit Ausnahme von Algen, es sei denn, die Produkte werden auf dem Boden oder im Wasser zum Schutz von Pflanzen ausgebracht.

Pflanzenstärkungsmittel Die Novelle des Pflanzenschutzgesetzes, die am 14. Februar 2012 in Kraft getreten ist, definiert Pflanzenstärkungsmittel als Stoffe und Gemische einschließlich Mikroorganismen, die

- ausschließlich dazu bestimmt sind, allgemein der Gesunderhaltung der Pflanzen zu dienen, soweit sie nicht

Pflanzenschutzmittel nach Artikel 2 Absatz 1 der Verordnung (EG) Nr. 1107/2009 sind, oder
- dazu bestimmt sind, Pflanzen vor nichtparasitären Beeinträchtigungen zu schützen.

Sachkunde Nach geltendem Recht dürfen Pflanzenschutzmittel nur von Personen angewandt werden, die die erforderliche Zuverlässigkeit und die erforderlichen fachlichen Kenntnisse besitzen. Analog muss jede Person, die im Einzel- und Versandhandel Pflanzenschutzmittel abgibt, die erforderliche Zuverlässigkeit und fachlichen Kenntnisse besitzen. Ein Nachweis kann erfolgen

- durch die Vorlage eines Zeugnisses über eine bestandene Berufsabschluss-, Fortbildungs- oder Umschulungsprüfung oder über ein abgeschlossenes Hoch- oder Fachhochschulstudium in bestimmten Berufsgruppen,
- durch eine Prüfung nach der Pflanzenschutz-Sachkundeverordnung.

Auf Antrag kann die zuständige Behörde auch den erfolgreichen Abschluss in einer anderen Aus-, Fort- oder Weiterbildung als Nachweis der erforderlichen fachlichen Kenntnisse und Fertigkeiten anerkennen, wenn die Vermittlung solcher Kenntnisse und Fertigkeiten Gegenstand der jeweiligen Aus-, Fort- oder Weiterbildung gewesen ist.

Im Haus- und Kleingartenbereich ist dieser Nachweis nicht erforderlich, allerdings hat der Gesetzgeber hier im Sinne des Verbraucherschutzes Vorsorge getroffen, indem er die für den Haus- und Kleingartenbereich erlaubten Mittel vorgibt sowie eine Beratung durch den Abgeber vorschreibt.

Systematische Kontrollen Systematische Kontrollen sind vorab geplante und bezüglich des Kontrollumfangs festgelegte Überprüfungen. Der Kontrollumfang kann bei systematischen Kontrollen alle vor Ort prüfbaren Kontrolltatbestände umfassen oder auf bestimmte Tatbestände reduziert sein (Schwerpunktkontrollen). Die risikobasierten Schwerpunkte der Kontrollen können jährlich wechseln.

Verunreinigungen Jeder Bestandteil außer dem reinen Wirkstoff und/oder der Wirkstoffvariante, der/die sich im technischen Material befindet (auch durch Herstellungsprozess oder den Abbau während der Lagerung entstanden).

Wirkstoffe von Pflanzenschutzmitteln Chemische Elemente oder deren Verbindungen, wie sie natürlich vorkommen oder zu gewerblichen Zwecken hergestellt werden, einschließlich der Verunreinigungen, mit Wirkung auf Schadorganismen oder Pflanzen oder Pflanzenerzeugnisse; Mikroorganismen einschließlich Viren und ähnliche Organismen sowie ihre Bestandteile sind den chemischen Elementen gleichgestellt.

Zusatzstoffe Stoffe, die dazu bestimmt sind, Pflanzenschutzmitteln zugesetzt zu werden, um ihre Eigenschaften oder Wirkungen zu verändern, ausgenommen Wasser und Düngemittel.

Zuständige Behörden für Verkehrs- und Anwendungskontrollen

8

Baden-Württemberg

Landwirtschaftliches Technologiezentrum
Augustenberg (LTZ)
Neßlerstraße 23–31, 76227 Karlsruhe
Tel.: 0721 9468-450, Fax: 0721 9468-451
E-Mail: poststelle@ltz.bwl.DE
http://www.ltz-Augustenberg.de

Regierungspräsidium Stuttgart
– Pflanzenschutzdienst –
Postfach 80 07 09, 70507 Stuttgart
Ruppmannstr. 21, 70565 Stuttgart
Tel.: 0711 904-0; Fax: 0711 904-13090
E-Mail: Abteilung3@rps.bwl.de
http://www.rp.baden-wuerttemberg.de

Regierungspräsidium Karlsruhe
– Pflanzenschutzdienst –
Schlossplatz 4–6, 76131 Karlsruhe
Tel.: 0721 926-0; Fax: 0721 926-5337
E-Mail: Abteilung3@rpk.bwl.de
http://www.rp.baden-wuerttemberg.de

Regierungspräsidium Freiburg
– Pflanzenschutzdienst –
Bertoldstraße 43, 79098 Freiburg/Breisgau
Tel.: 0761 208-0; Fax: 0761 208-1268
E-Mail: Abteilung3@rpf.bwl.de
http://www.rp.baden-wuerttemberg.de

Regierungspräsidium Tübingen
– Pflanzenschutzdienst –
Postfach 26 66, 72016 Tübingen
Konrad-Adenauer-Straße 20, 72072 Tübingen
Tel.: 07071 757-0; Fax: 07071 757-31 90
E-Mail: Abteilung3@rpt.bwl.de
http://www.rp.baden-wuerttemberg.de

Bayern

Anwendungskontrolle:
Bayerische Landesanstalt für Landwirtschaft
– Institut für Pflanzenschutz –
Lange Point 10, 85354 Freising
Telefon: 08161 71-5213, Telefax: 08161 71-5198
E-Mail: Pflanzenschutz@LfL.bayern.de
http://www.LfL.bayern.de

Verkehrskontrolle:
Bayerische Landesanstalt für Landwirtschaft
– Verkehrs- und Betriebskontrollen –
Am Gereuth 8, 85354 Freising
Telefon: 08161 71-3137, Telefax: 08161 71-5227
E-Mail: Verkehrskontrolle@LfL.bayern.de
http://www.LfL.bayern.de

Berlin

Pflanzenschutzamt Berlin
Mohriner Allee 137, 12347 Berlin
Telefon: 030 700006-0, Telefax: 030 700006-255
E-Mail: pflanzenschutzamt@senstadtum.berlin.de
http://www.stadtentwicklung.berlin.de/pflanzenschutz

Brandenburg

Landesamt für Ländliche Entwicklung, Landwirtschaft
und Flurneuordnung
– Pflanzenschutzdienst –
Müllroser Chaussee 54, 15236 Frankfurt (Oder)
Telefon: 0335 560-2101, Telefax: 0335 560-2113
E-Mail: poststelle.pflanzenschutzdienst@lelf.
brandenburg.de
http://lelf.brandenburg.de/

Berichte zu Pflanzenschutzmitteln 2012, DOI 10.1007/978-3-319-02775-3_8,
© Bundesamt für Verbraucherschutz und Lebensmittelsicherheit (BVL) 2013

Bremen

Lebensmittelüberwachungs-, Tierschutz- und Veterinär-
dienst des Landes Bremen
– Pflanzenschutzdienst –
Lötzener Straße 3, 28207 Bremen
Telefon: 0421 361-89204, Telefax: 0421 361-16644
E-Mail: birte.evers@veterinaer.bremen.de
http://www.lmtvet.bremen.de

Hamburg

Behörde für Wirtschaft, Verkehr und Innovation
(BWVI)
– Pflanzengesundheitskontrolle –
Indiastraße 3
20457 Hamburg
Telefon: 040 42841-5208, Telefax: 040 427941-069
E-Mail: gregor.hilfert@bwvi.hamburg.de
http://pflanzenschutz.hamburg.de/

Hessen

Regierungspräsidium Gießen
– Pflanzenschutzdienst Hessen –
Schanzenfeldstraße 8, 35578 Wetzlar
Telefon: 0641 303-5210, Telefax: 0641 303-5104
E-Mail: martin.kerber@rpgi.hessen.de
http://www.rp-giessen.de

Mecklenburg-Vorpommern

Landesamt für Landwirtschaft, Lebensmittelsicherheit
und Fischerei Mecklenburg-Vorpommern
– Abteilung Pflanzenschutzdienst –
Graf-Lippe-Str. 1, 18059 Rostock
Telefon: 0381 4035-0, Telefax: 0381 4922-665
E-Mail: pflanzenschutzdienst@lallf.mvnet.de
http://www.lallf.de

Niedersachsen

Landwirtschaftskammer Niedersachsen
– Pflanzenschutzamt –
Standort Hannover
Wunstorfer Landstraße 9, 30453 Hannover
Telefon: 0511 4005-0, Telefax: 0511 4005-2120
E-Mail: Pflanzenschutzamt@lwk-niedersachsen.de
http://www.ml.niedersachsen.de
http://www.lwk-niedersachsen.de

Nordrhein-Westfalen

Pflanzenschutzdienst der
Landwirtschaftskammer Nordrhein-Westfalen
Postfach 30 08 64, 53188 Bonn
Siebengebirgsstraße 200, 53229 Bonn
Telefon: 0228 703-0, Telefax: 0228 703-2102
E-Mail: pflanzenschutzdienst@lwk.nrw.de
http://www.landwirtschaftskammer.de/landwirtschaft/
pflanzenschutz/

Rheinland-Pfalz

Aufsichts- und Dienstleistungsdirektion Trier
Referat 42 – Pflanzenschutz –
Postfach 13 20, 54203 Trier
Willy-Brandt-Platz 3, 54290 Trier
Telefon: 0651 9494-0, Telefax: 0651 9494-170
E-Mail: poststelle@add.rlp.de
http://www.agrarinfo.rlp.de

Saarland

Anwendungskontrolle:
Ministerium für Umwelt und Verbraucherschutz
Referat F/1
Dillinger Straße 67, 66822 Lebach
Telefon: 06881 501-4857, Telefax: 06881 501- 4098
E-Mail: h.kohl@umwelt.saarland.de
http://www.umwelt.saarland.de

Verkehrskontrolle:
Landwirtschaftskammer für das Saarland
Dillinger Straße 67, 66822 Lebach
Telefon: 06881 928-111, Telefax: 06881 928-100
E-Mail: dr.klaus-peter.brueck@lwk-saarland.de
http://www.lwk-saarland.de

Sachsen

Sächsisches Landesamt für Umwelt, Landwirtschaft und
Geologie
Abteilung 3 – Vollzug Agrarrecht, Förderung
Referat 35 – Kontrolldienst Agrarwirtschaft
Zur Wetterwarte 11, 01109 Dresden Klotzsche
Telefon: 0351 8928-35 01, Telefax: 0351 26 8928 3599
E-Mail: katrin.kittler@smul.sachsen.de
http://www.smul.sachsen.de/lfulg

Sachsen-Anhalt

Landesanstalt für Landwirtschaft, Forsten und
Gartenbau
– Dezernat Pflanzenschutz –
Strenzfelder Allee 22, 06406 Bernburg
Telefon: 03471 334-342, Telefax: 03471 334-109
E-Mail: Pflanzenschutz@llfg.mlu.sachsen-anhalt.de
http://www.llfg.sachsen-anhalt.de

Schleswig-Holstein

Landwirtschaftskammer Schleswig-Holstein
– Abt. Pflanzenbau, Pflanzenschutz, Umwelt –
Referat Genehmigungen, Kontrollen und Sachkunde
Grüner Kamp 15–17, 24768 Rendsburg
Telefon: 04331 9453-314, Telefax: 04331 9453-389
E-Mail: Ssteffensen@lksh.de
http://www.lksh.de

Thüringen

Thüringer Landesanstalt für Landwirtschaft
Referat 410 – Pflanzenschutz –
Kühnhäuser Straße 101, 99090 Erfurt
Telefon: 0361 55068-0, Telefax: 0361 55068-140
E-Mail: pflanzenschutz@tll.thueringen.de
http://www.thueringen.de/de/tll/